学习高手
都在用的记忆法

周莹 著

Memory Method

打破期 ＞ 重塑期
践行期 ＜ 内化期

从改变思维
方式开始的
记忆提升课

中国纺织出版社有限公司

内 容 提 要

本书是写给爱学习的你的一个记忆小宝典，可以帮助你从一个记忆小白打怪升级到一代记忆宗师。本书从打破期、重塑期、内化期、践行期四个板块着手，先打破大家对记忆法的传统认知，再从记忆在大脑中的存储过程解析记忆法的重塑认知，用记忆的基础方法和应用让大家将方法内化，最后通过践行，真正地让大家掌握一套科学有效的终身学习力工具。这里总结了我在记忆力行业10年学习、工作、教学、生活中的经验，是一本实操性强、内容全面、应用范围广的学习类书籍。

图书在版编目（CIP）数据

学习高手都在用的记忆法 ／周莹著. --北京：中国纺织出版社有限公司，2022.3（2024.6重印）

ISBN 978-7-5180-2703-3

Ⅰ．①学… Ⅱ．①周… Ⅲ．①记忆术 Ⅳ. ①B842.3

中国版本图书馆CIP数据核字（2021）第279571号

责任编辑：郝珊珊　　责任校对：高　涵　　责任印制：储志伟

中国纺织出版社有限公司出版发行
地址：北京市朝阳区百子湾东里A407号楼　邮政编码：100124
销售电话：010—67004422　传真：010—87155801
http://www.c-textilep.com
中国纺织出版社天猫旗舰店
官方微博 http://weibo.com/2119887771
北京通天印刷有限责任公司　　各地新华书店经销
2022年3月第1版　2024年6月第3次印刷
开本：710×1000　1/16　印张：12.5
字数：172千字　定价：45.00元

凡购本书，如有缺页、倒页、脱页，由本社图书营销中心调换

各方赞誉

一直以来记忆力都是终身学习者所面临的挑战，也有人经常问我每年的跨年演讲那么多的内容怎么背下来的呢？我的秘密武器就是"记忆宫殿"。你面前的这本书里就有关于"记忆宫殿"的实践方法。这本书是周莹老师在她学习、工作、教学的 10 年里总结出来的一套记忆方法的思维模型。推荐给你，希望你和我一样，从中得到启发。

——罗振宇 得到 APP 创始人

周莹是记忆领域的探索者，她擅长用自己的思维模型来解决所面临的难题。这本书就是她所使用的记忆方法的一个合集，让我们了解记忆大师也不过是普通人，只要通过科学的方法和练习，你也一样可以成为最强大脑！

——中国舞蹈家协会、民族民间舞蹈专业委员会秘书长　赵士军

知识是用大脑来学习的，技能是用手不断练习的，而态度是用心来学习的。把知识学以致用，把技能练成艺术，那么你用心相信的东西就一定会实现。这本书是周莹结合自身学习、工作、成长所总结出来的一套记忆方法的底层逻辑。推荐给你，希望能对你有所启发。

——刘润 润米咨询 创始人

周莹老师是我在国内作者圈里，见到过具象思维能力超强的绝对高手，这种能力的习得需要建立在大量观察和发现上，是对世界的巧妙的结构连接。这本书回归我们大脑记忆存储的本来过程，搭建了一套知识体系，让你学会观察、用具象思维，提高记忆，从而让你获得超级效率的学习能力。

——程驿 《认知颠覆》 作者

周莹是我参加记忆比赛以来一路上的战友也是非常好的朋友，一路见证了彼此的成长过程。周老师对于记忆法的研究非常透彻，不管是对实用记忆还是竞技记忆都有很深度的理解。周老师在这本书里非常详细地剖析了记忆法的原理以及运用！就算对于新手来说也很容易看懂！希望大家可以用心读一下这本书！

——陈智强　《最强大脑》第三季和第四季的"全球脑王"

人们总是天然地将记忆能力与一个人的智商联系在一起。其实不然。记忆大师们在多方面的研究实践中发现，真正的记忆能力，其实是"创造力""想象力""分析力""观察力"以及"感受力"的综合体现，有些知识的记忆、理解与掌握甚至需要颠覆我们的认知，另辟蹊径。本书结合了最先进的脑科学记忆原理及上百个记忆大师的实践经验，相信读完之后，一扇新的大门一定会为你敞开。

——许东民《最强大脑》第八季选手　首届泛欧洲记忆锦标赛总冠军

周莹老师在记忆法领域教学经验丰富，她的这本书不仅图文并貌，而且生动有趣，还配有趣味练习，是一本不可多得的好书。

——申一帆《最强大脑》第三季选手，世界记忆大师

推荐序

认识周莹老师只有两三年的时间，据我的观察，她一定是一个爱学习又爱玩的人。每次见面，她都能提出对一件事情的新思考，朋友圈里又常常更新自己去哪里旅游了。我经常在想，一个人哪里来的这么多精力，又有时间游山玩水，又能兼顾学习？难道真的是天赋吗？阅读完这本书，就解答了我的疑问，原来不是她比别人聪明多少，而是有一套自己的记忆逻辑，帮助她提高了学习效率。

读这本书的时候，我经常会脑袋灵光乍现，原来"记忆"这个看起来已经被人们所熟悉的领域，还真的是有很多不为人知的地方。这里我列了几个对我很有启发的点，希望对你有所帮助：

1. 记忆力并不是一个单独的能力，它包含了注意力、观察力、思维力、联想能力甚至是创新力。所以想要拥有一个好的记忆力，专注才是关键！

2. 大脑记忆的是视觉化的图像，它是世界最直接、最易懂的语言。快速看完后，特别想把这书立即推荐给我的剧组编剧以及灯音美服化道的组员们，学会把我们想表达的情感用身临其境的图像创造出来，才能让人更加印象深刻。

3. 看起来复杂的记忆问题，被周莹老师拆成了一个超级简单的万能钥匙。奥斯卡姆剃刀原理中说：不要浪费更多的东西去做，你可以用更少的东西做同样的事情。原来只需要按照拆分、联结、复习的结构就能解决很多需要记忆的知识。而且这个逻辑在很多其他领域中同样适用，这就是它的厉害之处了。

4. 大脑是身体的一部分机能，所以对身体好的对它一样能有所提升。锻炼身体、健康饮食原来都可以提高我们的记忆力。书中还专门讲了几个锻炼的小方法，我在这里就不剧透了。

5. 不仅仅是讲了方法，更重要的是塑造了一套思维的逻辑体系。周莹老师从脑力"奥运"的记忆训练过程进行思考，提出打破期、重塑期、内化期的几个阶段，建立了一套科学的认知体系。让人在阅读的过程中，不知不觉拥有了一套完整的逻辑链条，将碎片的知识串到了一起，思维都清晰了不少。

6.终身学习时代,使用科学的记忆方法就是帮你省钱省时间。有多少人在中年忙碌不堪的生活中还能保持高效学习,甚至还有大把的时间来做一些"无用"的浪费呢?

周莹老师年纪轻轻就获得了记忆大师的殊荣,还带出了二十多位像她一样优秀的记忆大师;可是我却经常看到她跑到人烟稀少、风景宜人的地方,等上几个小时,就为了拍一段云朵在高山上流走的视频,又或者花好几个小时画一张小画。如此精力旺盛,又热爱生活的关键是,高效的学习方法让她确实比别人多了更多的时间可以去探索生命。

7.这本书是周莹老师在她从业10年里对学习、工作甚至是生活的总结,也是她目前为止人生的一个缩影。她在书中提出了一个重要的观点,那就是:人生并不一定为了赢,更多是我不想输。这是一句朴实的观点,但代表着大多数人的内心的那一份坚持。从书中,我看到的是一个倔强、不服输、拼搏的脑力"奥运"健儿的风采。

真诚推荐这本书,希望对爱学习的你有所帮助。

周文军

导演、作曲家

第29届奥林匹克运动会闭幕式音乐主创/作曲

前　言

人生并不一定为了赢，更多的是我不想输。

很多人觉得我是天才，聪明，脑子好使，才有了现在的成就。那我现在告诉你，通过刻意练习，你也可以。10年前，我只是一个普通的女孩，在记忆方面不但拿不出手，甚至还因为背不下书而挂科过。我从来没有想过有一天，自己可以成为记忆高手，甚至拿到世界记忆领域的终身荣誉称号——世界记忆大师。

2012年，电视里的一段关于记忆宫殿的片段，引起了我的兴趣，这种方法能不能帮我背书呢？我萌发了想要学记忆法的想法，搜到武汉有这样的一个课，我花光了当时全部的财产就报了名。

到武汉的第一天，我就受到了很大的打击——我的同学全是华科、华师、财经政法大学的高材生，而我只是一个普通学校的艺术生。不自信、害怕席卷了我，我下课后偷偷地问辅导老师，能不能退费呢？辅导老师一口回绝，已经开课了，学费不能退。那怎么办呢？6个字，简单听话照做。老师让我练习100遍，我就练习100遍，老师让我练习10个小时，我就练习10个小时。10天后的比赛，我居然打败了这些高材生，成为了全场第一。我用最笨也最简单的方法，完整地复刻了我老师的成功。我觉得我居然赢了，我简直太棒了！回到郑州，我辞去了稳定的电视台工作，准备投身到记忆法的行业里。2012年，没有《最强大脑》，也没有科学研究证实这是个科学的方法，只有我的一腔热情。家人更多的是不理解、不支持。他们想不通，为什么我要远离家乡去做一件大家都没听过的事情。22岁的我，还是超级自信，孤身一人来到武汉，开始了记忆法老师之路。

记忆法老师的生活给了我很多东西，有不错的收入。2014年，我带出了一位清华的学生。他妈妈为了感激我，给我推荐了很多人来听课。但是听完我的课，却报了另外一个老师的课。他妈妈后来跟我说，周老师，您的课很好，但他们觉得您不是记忆大师，教学效果不一定有保证。那个时候，我才突然发现，你站在原地不动的时候，就已经输了。于是我心中响起了一个声音，我不能输，我也要当世界记忆大师。

于是我立刻制订了一个目标，参加记忆界的奥林匹克——世界脑力锦标赛。想要在任何一场世界级的竞技比赛中取得好名次都是非常难的事情，记忆比赛也不例外。

我无数次在训练了一天后头晕眼花地回到宿舍，倒头痛哭，不知道自己坚持的是一件什么样的事情，也不知道自己的未来到底在哪。让我坚持下来的就只有一个声音：我不想输。后来，我做了一个以终为始的量化目标。我的目标是成为记忆大师，那么它的标准是什么？根据这些标准，我该如何去做，量化到每天完成多少，衡量标准又是什么？我量化好目标，要求自己每天正确记忆多少，如果没有达到，就做到直到达到为止。我每天从早上8点训练到晚上10点，达到目标才休息，如果状态不好，错得很多，就练到达到目标为止。有一次我练到了凌晨3点。就是这样的细化目标和坚持，让我打败了全国三千多名选手，成功晋级世界赛，跟来自26个国家，二百多位选手同台竞技。最终，我如愿以偿地拿到了"世界记忆大师"的称号！

在比赛颁奖结束后，我没有与大家拥抱和狂欢，而是坐在路边来了一场爆发式的长达3小时的哭泣。

此后，我获得了更多人的认可，也有机会登上了更多、更大的舞台。人生的道路上，也许有些事情我们可以不去追求输赢，但一些事情上我们必须抱着不输的心态，以完全的准备打上一场漂亮仗。

我的经历告诉我，人生值得拼尽全力，只有我们竭尽全力不输，才能被看见。只有被看见，才能被发现。也只有永不下牌桌，才能不输到最后。

2021 年 11 月 10 日

目 录

CONTENTS

001
第一章　打破期

013
第二章　重塑期

043

第三章　内化期

第一章

打破期

CHAPTER 1

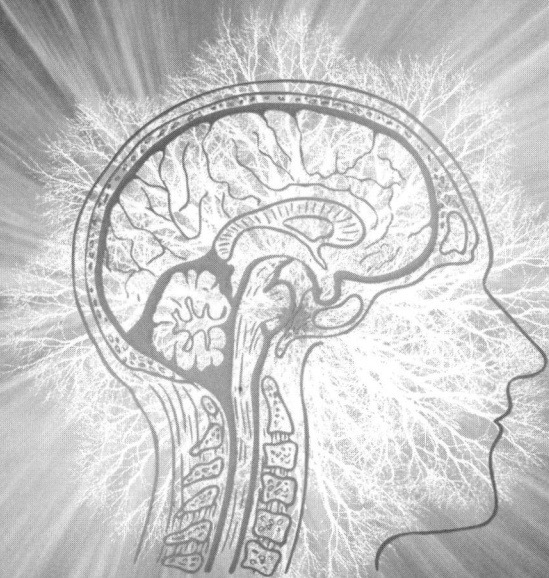

第一节
记忆力测试

———

相信买这本书的朋友们，都迫不及待地想要提升记忆力。在开始正式学习之前，我们先来玩一个非常有趣的小测试，看看现在的记忆力水平是什么样的。学完之后，再来重新测试一下，你会发现原来你也可以成为"最强大脑"。

温馨提示，本测试跟你的智商无关，请根据你的第一印象，快速答题。接下来我们开始吧？

一、请问你看人的时候是先记忆她的姓名还是长相？

Hi，我叫Hannaha。

二、请在 30 秒内记住以下文字。

前 地 望 西 光 月 头 是 窗 霜
明 吃 低 月 头 瓜 举 明 上 疑

三、请在 30 秒内记住下图并回答答卷上的问题

四、请记以下图形的顺序。

五、请在 2 分钟内按顺序记住以下数字。

1409452340

9830453495

7864982346

六、请在 2 分钟内记住以下人名和面孔。

周大伟　　　钱自仁　　　朱莹宝　　　李浩然　　　赵明民

田梓州　　　郑　明　　　张航城　　　费磊落　　　楚迪南

测试结果：

一、请问你看人的时候是先记忆她的姓名还是长相？（5 分）

_____

考核重点：注意力分配问题，想要提高记忆力，注意力也是非常重要的。

二、请在 30 秒内记住以下字。（20 分）

_____

_____

考核重点：本题考核有 2 个重点信息。一个是记忆词语是记住信息的一个重要基础。无论是记知识、常识，还是文章，都离不开词语记忆。它也是世界脑力锦标赛中的比赛项目。另一个是我们的快速组合归类能力。其实这些字，进行调整就可以得到快速记忆的答案："床前明月光，疑是地上霜，举头望明月，低头吃西瓜"。记忆法离不开联结，如何用我们已经熟悉的知识构建一个快速记忆的系统，是本书希望带着大家进行的挑战。

三、请在 30 秒内记住下图并回答答卷上的问题。（20 分）

1. 图片中白雪公主右手上有什么？

2. 图片中一共有几个人物?

3. 图片中有几间蘑菇屋?

4. 图片中的太阳在什么位置?

5. 图片中一共有几朵花?

考核重点:本题是一道考查观察力的题目。有些朋友看图只记得观察主体内容而忽视了细节,这就是我们的观察力的宽度不够。好的记忆力一定离不开好的观察力。

四、请记以下图形的顺序。(10分)

(在顺序:后填写 1~5 中的数字)

顺序:　　　　顺序:　　　　顺序:　　　　顺序:　　　　顺序:

顺序:　　　　顺序:　　　　顺序:　　　　顺序:　　　　顺序:

考核重点:抽象图形作为世界脑力锦标赛上的必背项目,它考核的其实是大家的观察力和想象力。很多人觉得自己没有创新力,创新力其实很大程度上就是我们对事物的想象再加工能力。随着年龄的增加,我们容易陷入理解的诅咒里,希望世界符合我们的认知。其实,有时候打破认知,才让人更加印象深刻。

五、请在 2 分钟内按顺序记住以下数字。(20分)

_____

_____

_____

考核重点:数字记忆是记忆大师们必备的一种能力,它不仅仅是记住数字这么简单,记忆的同时,数字—图像—结构的应用将在不足 1 秒内快速在大脑中反映完成。数字训练毫不客气地说是所有记忆训练者的"蹲马步"，是让大脑反应速度快速提升的一个很好的训练方法。

六、请在 2 分钟内记住以下人脸和名字。（15 分）

考核重点：人脸和名字记不住好像是当代人普遍存在的一个现象，我们经常会觉得这个人眼熟，就是想不起来名字。其实这个题考察的是我们的观察力、想象力和记忆力三种能力。我们要在第一时间找出这个人的"独特气质"，通过想象将其与名字联结并记下来。不会？没关系，本书中会一步步拆开了告诉大家。

七、请问第一题中看到的人的名字是？（5 分）

B. Hanna　　　　B. Sanan　　　　C. Hannaha　　　　D. 都不是

考核重点：本题是考查的是大家的注意力和观察力。很多人看东西总看漏，或者是注意力只能集中在一点上。到底是为什么呢？是不是天生就这样呢？大脑的可塑性告诉我们，大脑和我们的身体是一样的，60 岁的老头能锻炼成肌肉猛男，60 岁的老头也能锻炼成记忆高手。什么时候开始都不晚，关键是当下，立刻开始。

其实通过这个小测试，我想要告诉大家的是，记忆力并不是一个单一的能力，它包含了注意力、观察力、思维力、想象力多重维度。所以，想要提升记忆力，其他能力也一样要训练到。那么就让我们一起开始吧。

第二节
传统记忆方法 vs 科学记忆方法

为什么会把这一节放到前边给大家来讲呢？

我们先听一个俄国的寓言故事。有一次，天鹅、大虾和梭鱼，想把一辆大车拖着跑，他们都给自己上了套，拼命地拉呀拉呀，大车却一动也不动。车子虽说不算重，可天鹅伸着脖子要往云里钻，大虾弓着腰儿使劲往后靠，梭鱼一心想往水里跳。

每个人对一件事情都有着不同的认知，我们想要学习一件事情的时候，如果不把认知瓶中的水先倒掉，即使花费大量的时间对另一个领域进行学习，也始终吸收得不好。这岂不是既没学好又浪费时间，赔了老婆又折兵吗？所以在正式开始学习之前，我想和你一起来解决把"车"拉动之前的问题，就是让你同我达成一个共识——"这是一套科学的学习方法，普通人也一样能学得会"。

有一次在一个饭局上，闺蜜向她的朋友介绍我，说我是"世界记忆大师"。对方轻蔑地笑了："呵，记忆大师，我小时候也学过，不就是编故事吗？那故事又长又多，一点都不好用，还不如死记硬背呢！"这位朋友是985大学的硕士，无疑是一个会学习的人，为什么他会觉得死背比用方法好呢？你说编故事是不是记忆法的一种呢？我只能说是也不是。其实方法是有差别的。就像打乒乓球，都是发球和打，有些人就是不得法，而有些人却能练成世界高手。再打个比方，普通学校和世界名校基础课用的教材都是一样，但如果让你可以随便选择去哪所大学听课，我相信99.9%的人都会选择去名校吧？为什么呢？方法大体都是一样的，可藏于高手们细节中的延展才是真正的决胜核心，也可以说细节决定成败吧。

传统的记忆方法有很多，回忆一下咱们小时候，我们是怎么背书的？每天早上起来，晨读的时候大声地读出来，书读得多了自然而然就背下来了。

又或者有些朋友要说了，我不背书的，我理解了就能背出来了。真的是这样吗？你回忆一下，我们靠理解来背的内容是不是很容易不知道原文到底是什么呢？人在每一个阶段可能对同一事物的理解都不同，所以单靠理解来背书很容易就遗忘了。所谓一千个读者就有一千个哈姆雷特，单靠理解就能记下来内容这种方法好像也不太可取。

那么本书里讲的记忆方法到底是什么呢？知道我是世界记忆大师之后，大家总喜欢问我两个问题："你是不是天生就记忆力这么好？""你们是不是都能过目不忘？"

如果有哪些记忆大师宣传自己拥有过目不忘的能力，那我觉得他多半可能是个骗子。为什么这么说呢？我采访过很多世界级的高手，无论国内或者是国外的选手，大家都是按照自己的水平，做好了记忆的计划，记多少然后进行复习再去记忆。世界脑力锦标赛的评分标准是异常严苛的，例如随机数字这个项目，一行 40 个数字，写错 1 个数字就要扣掉一半分，写错 2 个数字就得 0 分。所以即使你在 5 分钟记了 800 个数字，可每一行都写错了 2 个，最后的得分就是 0 分。又例如第一节的抽象图形顺序记忆，也许你说，就填 12345，我瞎蒙总有概率蒙对的吧，那么你极有可能会被倒扣分。大众以为记忆术最重要的是快速记住内容，其实更重要的是准确。

世界脑力锦标赛共有 10 个项目，从数字、图形、文字、扑克牌、虚拟历史等维度来进行考核，而世界记忆大师就一定要符合 4 项标准（2015 年标准）：1 小时正确记忆 10000 以上的随机数字、1 小时正确记忆 10 副打乱顺序的扑克牌，2 分钟内记住一副打乱顺序的扑克牌，10 个项目总和 3000 分以上。你看，除了一个追求速度的项目以外，另外两个都是 1 小时的马拉松记忆项目。这两个项目的规则都是在 1 小时内尽可能多地记住内容，然后在 2 小时内进行答卷。也就是说 3 个小时，你的脑子里只有卷子上记的数字或者扑克内容。通过这两个项目，我相信大家就应该明白，记忆法所追求的并不是短时记忆，而是持久地记住内容，形成长期记忆。

所以科学的记忆方法是符合 3 个特征的，一记得准，二记得久，三记得快。跟你统一了这些共识，接下来我们就可以一起把"车"拉动，开始咱们的学习了。

第三节

大脑记忆存储的过程

————

我在从业的 10 年里，被问到最多的就是："记忆法对普通人也有用吗？"

我用自己的亲身经历证明，记忆法就是一个工具、一种方法，谁都可以学，谁都可以练，只要练习就能提高记忆力。

你肯定一定要问，这有什么科学依据吗？其实当你了解记忆在大脑储存的过程后，就明白记忆法的原理了！

简单来说，我们的大脑将看到的、听到的、感觉到的内容，转换成一段"波"储存在神经元里。这段"波"被解码出来其实就是视觉化的一些小片段，就像抖音里 1 个个 15 秒的小剧场。然后大脑根据自己的认识或者是需求，把这些小片段贴上小标签，拥有相同标签的神经元就会向彼此长出新的神经突触，最终神奇地连接在一起，形成了结构网络。这个过程就像我们拍摄电影，拍了一堆的片段，然后根据我们的故事主线把内容进行编排，形成长长的剧集。这也是为什么你会发现，有些人好像特别聪明，能举一反三，把不同的事情归类总结在一起的原因，从而一叶知秋。

记忆"波"的储存，是特定蛋白的不同的三维折叠形式，同样折叠形式的蛋白像叠罗汉一样叠加在一起，叠得越多，这个记忆的强度越强。所以记忆的巩固，就需要我们反复刺激才能更好地完成。

例如你在大脑中回忆《新白娘子传奇》的片段，白娘子经常穿什么样的衣服呢？白娘子跟许仙是怎么相遇的，发生了什么事情？我相信大部分八零后，九零后都能说出来，脑子里还能闪出当时电视剧的画面。其实电视界有个非常重要的理念，那就是想要让一部剧再火一遍，就是在各大卫视的频道上再播几遍。

其实一般来说，短时记忆里（比如六小时）的两件事，负责储存这两段记忆的神经元通常有重叠。而如果两件事发生的时间间隔超过了 24 小时，这两件事就会储存在完全不同的两簇神经元里了。很多人说自己早上背书没有晚上背书效果好，因为早上背完书，第二天再复习的时候，已经超过了 24 小时，我们大脑会把这件事当成独立的两个内容。而晚上背书后，第二天复习的时候我们大脑会把相同的内容进行叠加。你就会觉得晚上的效率更高一些。解决的关键点，其实就是早上背完书，在 6 小时内多复习一下。

知道了记忆的存储过程，我们可以提取 4 个关键点，分别是：

把看到、听到、感觉到的内容转换成"波"——其实就是视觉化编码

打上相同标签的内容向彼此长出神经突触——也就是构建联结

联结得多了以后形成结构网络——构建结构

通过重复把短时记忆变成长时记忆——这里有两个维度，一个是复习，另一个是践行。复习是将我们原有的内容进行重复，而践行是将我们构建出的结构体系套用在其他内容、甚至是其他领域中去，结构的重复，也就是咱们所谓的举一反三。

有了这样的记忆过程，那么转换成咱们的记忆方法的核心，其实就是"视觉化编码"——把看到的知识转换成视觉化的录像；"联结"——把相同的知识，或者根据我们的需求把视觉化编码联结起来；"结构"——根据连接归纳出结构，总结出底层逻辑；"复习"——多次重复信息，使用结构模型，最后在生活中践行。

你瞧，是不是记忆方法的核心就是记忆在大脑中的存储进程，既然它本就是我们大脑运行的方式，难道不是每个人都可以学得会的吗？所以，记忆方法不难，我也不过是比大家多走了几步，它就是我们学习中的一个加速器，只要系统的学习方法，勤加练习，多多践行，你也可以一样成为"最强大脑"。

第一章是我们的打破期，只有打破原有的认知，达成共识，我们才能更好地学习。现在就让我们一同开启新的重塑吧！

第二章

重塑期

CHAPTER2

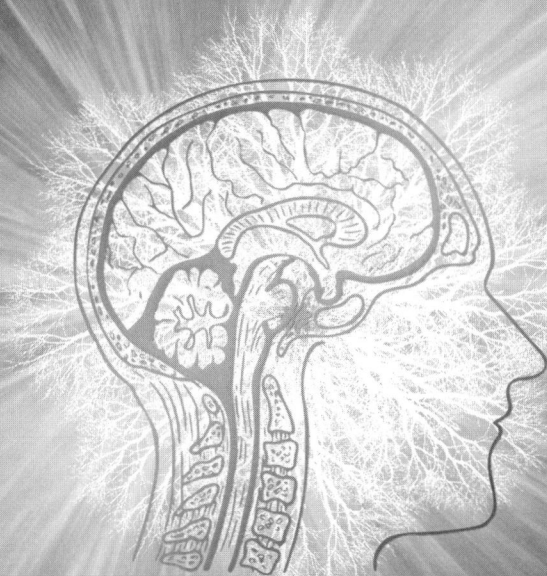

第一节
专注力是一切学习的门户

记忆力并不是一个单独的能力，它是多维度能力的总和，排在首位的就是专注力。法国生物学家乔治·居维叶说："天才，首先是专注力。"中国古语："用心专者，不闻雷霆。"

世界脑力锦标赛上，高手随时都有可能破纪录，为了记录下这令人振奋的瞬间，各大电视台的摄像机、照相机都会对准有可能打破纪录的选手们，可是选手们还可以心无旁骛地发挥出自己的水平，甚至是打破世界纪录：你瞧，是不是这些世界顶级的记忆高手不仅能屏蔽外界干扰，而且还能平心静气地把自己全部身心都投入当下正在进行的事情中，并且出色地完成它。你能说专注力不是想要提升记忆非常重要的一个部分吗？

专注力，其实也就是注意力，是指集中精神处理某种事务的能力。保持良好的专注力，是大脑进行感知、记忆、思维等认识活动的先决条件。在我们的学习过程中，专注力是打开我们心灵的门户，而且是唯一的门户，门开得越大，我们学到的东西就越多。而一旦专注力无法集中，心灵的门户就关闭了，一切有用的知识信息都无法进入。

毫不夸张地说，专注力决定了我们是否能高效记忆，甚至决定了我们的学习好坏。也许有人要说，我们班的学霸同学，还经常在课上看小说、玩游戏呢！考得好，就是因为他天生聪明。事实上，即使拥有一个运转更快、智商更高的大脑，也很难在心不在焉的时候从外界获取新的知识。我初中同桌就是这样的学霸，平时看起来不学习，每到考试总是班级前三。后来，在我再三的央求下，他才给我讲了自己的学习秘籍，其实就是上课的前 20~25 分钟集中注意力认真听课，老师的课堂精华全在这个时间。你看，学霸的秘密武器居然这么朴实无华，却一招致命。

很多人都问过我如何保持高强度的专注力，下面，我们先了解一下，专注力有几个维度。

一、专注力的广度

其实也就是我们专注的范围，是指一个人在同一时间内意识能清楚地把握对象数量的多少。例如，我们走进一个房间，扫了一眼。有些人能说出房间的摆设和内容，而有一些朋友只能问：什么？有这个吗？专注力的广度实际就是我们感知的范围，人们在一定时间内知觉对象越多，专注广度就越大，知觉对象越少，专注广度也就越小。

二、专注力的稳定性

也叫作专注力的持久性，是指我们能在较长时间将专注保持在同一事物或活动上。

这也是专注力在时间上的特征。我们说过，世界脑力锦标赛上有2个马拉松记忆项目：1小时记忆数字和1小时记忆扑克。它们的规则都是1小时进行记忆，再用2小时来进行答卷。我相信考过试或者背过书的同学都知道，长时间看一个内容的时候，脑子很容易就开始胡思乱想。要知道一旦记忆选手的大脑在赛场上不受控制，他们极有可能忘记的不是一两个数字，而是一大片的内容，所以专注力的稳定性在这时尤为重要。

一般来说，普通人保持专注的时长随着年龄的增长会有所提升。2岁以下，无意识注意为主；2岁左右，专注时长约 7 分钟；5~6 岁，专注时长大概是 15 分钟；6 岁以上，专注时长由 15 分钟逐步过渡向 30 分钟左右。一个成年人的专注时长大概就是 25~30 分钟。

我们所说的专注力的稳定性并不局限于将专注力长时间地固定在某事物上，还可以是在总任务下指向和集中于这一活动的各个方面，只要总方向不变就可以。比如上课时看、听、记录，专注的对象在不断地变化。

三、专注力分配

专注力分配是指我们在同一时间内把专注指向两种或两种以上不同对象或活动。其实也就是我们"一心二用"的能力。

有很多朋友专注力分配能力比较弱，边听课、边做笔记的时候，专注力只能集中在记笔记上，下了课笔记满满当当，可内容一句话也没记住。而有的同学，却能边听课、边思考，还把笔记都记了下来。其实这就是我们每个人专注力分配的能力不同所造成的。

不知道有没有同学试过左手画圆，右手画方的游戏，这就是一个非常经典的专注力分配的小游戏。《射雕英雄传》中的周伯通在桃花岛自创的左右互搏术，其实也就是专注力分配的典型案例。

四、专注力转移

专注力转移是指我们根据新任务的要求，主动地把专注从一个对象转移到另一个对象上。

有些同学，老师讲下一题了，思绪还在上一题中，也是专注力转移能力出现了问题。

你瞧，我们每天都在提起的专注力，原来有这么多维度。知道了这些内容，我们才能根据自己的真实情况，选择合适的方法，查漏补缺，扬长避短。最后送大家一个专注力自测表，来看看自己专注力是否集中吧！

专注力自测表

1. 听别人说话时，常常听不进去或者想别的事情。　　　a. 是　　　b. 否

2. 做事情时，总想起跟这件事无关的内容。　　　a. 是　　　b. 否

3. 做事情时，总急急忙忙完成，然后做下一件事情。　　　a. 是　　　b. 否

4. 上课或者学习时，总觉得时间过得很慢。　　　a. 是　　　b. 否

5. 有一件担心的事时，时间过得很快。　　　a. 是　　　b. 否

6. 要干的事情很多，却不能集中于眼前先完成一件。　　　a. 是　　　b. 否

7. 说话时，不知不觉说到其他的内容。　　　a. 是　　　b. 否

8. 有时，忙这忙那，什么都想干，什么都没干完。　　　a. 是　　　b. 否

9. 读书、做事不能全神贯注坚持 40 分钟以上。　　　a. 是　　　b. 否

10. 学习时能听清楚别人讲话的内容。　　　a. 是　　　b. 否

现在我们来算算分数，每一道题选择是 =0 分，选择否 =1 分。加好得分后，请对照下边的标准，来看看自己的专注力如何吧？（结果仅供参考，不做真实情况评判。）

0 ~ 2 分 专注力非常不集中

3～5 分 专注力比较不集中

6～8 分 专注力比较集中

9～10 分 专注力非常集中

第二节
专注力训练方法

————

想要持久保持专注对于当代人好像越来越困难了。信息化时代，碎片化的不只是信息，还有我们的专注力。所以本节，就给大家一些可以训练自己的专注力的方法，只要坚持练，我相信一段时间后，你的专注力一定可以有所提升。

不妨拿出秒表，一起来试试这些训练挑战吧！

一、舒尔特训练表

这是我会推荐给所有年龄层的朋友来训练专注力的一个方法，它操作简单、效果显著，而且还有非常多的玩法。

舒尔特方格（Schulte Grid）起源于美国，就连飞行员、宇航员都经常使用。它通常是在一张方形卡片上画上 5×5 的小方格，格子内填写上数字 1～25，顺序随机。训练时，被测者用手指按 1～25 的顺序依次指出方格位置，同时诵读出声，另一人在一旁记录所用时间。数完 25 个数字所用时间越短，你的专注力水平也就越高。

21	23	17	25	24
19	7	8	3	5
16	18	1	12	22
4	6	13	20	2
15	14	9	10	11

舒尔特方格不仅可以很好地提升我们的专注力，还能锻炼视觉专注力和专注力的广度。一般来说，小朋友 25 秒以内完成挑战，专注力相对来说比较集中。时间越短，专注力则越优。而成年人能达到 8 ～ 20 秒则是专注力良好。当然你也可以提高难度，例如将表格里的内容换成有顺序的字母、汉字或者古诗。例如：

V	X	P	T	U
W	O	E	F	J
A	D	Q	I	R
Y	N	K	B	S
M	C	L	H	G

你也可以下载使用相关的手机 APP，搜索"舒尔特表"就能找到。或者在网上买已经做好的纸质版素材来进行训练。刚开始的时候不需要我们大量练习，每天 8 ～ 12 组就可以。你也可以加大难度，在乘坐公共交通的时候，或者餐馆上菜前，掏出来快速练习几组。一段时间后，你会发现自己的进步。

二、视觉专注力训练法

这类训练规则非常的简单，根据题目要求找到内容并用笔圈在一起。看起来非常简单，但其实你一不留神就可能会出错。它考查的是我们的视觉专注力以及注意力的分配和转移能力。

挑战 1：四子连珠

规则：把相临的四个完全相同的图形圈出来。

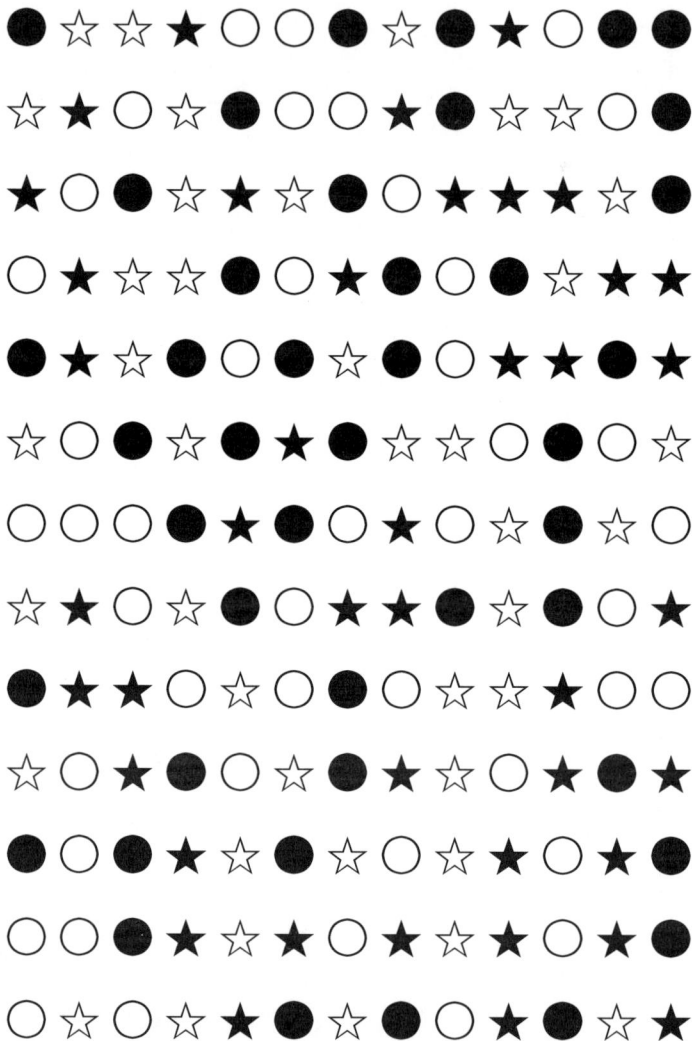

● ☆ ☆ ★ ○ ○ ● ☆ ● ★ ○ ● ●

☆ ★ ○ ☆ ● ○ ○ ★ ● ☆ ☆ ○ ●

★ ○ ● ☆ ★ ☆ ● ○ ★ ★ ★ ☆ ●

○ ★ ☆ ☆ ● ○ ★ ● ○ ● ☆ ★ ★

● ★ ☆ ● ○ ● ☆ ● ○ ★ ★ ● ★

☆ ○ ● ☆ ● ★ ● ☆ ☆ ○ ● ○ ☆

○ ○ ○ ● ★ ● ○ ★ ○ ☆ ● ☆ ○

☆ ★ ○ ☆ ● ○ ★ ★ ● ☆ ● ○ ★

● ★ ★ ○ ☆ ○ ● ○ ☆ ☆ ★ ○ ○

☆ ○ ★ ● ○ ☆ ● ★ ☆ ○ ★ ● ★

● ○ ● ★ ☆ ● ☆ ○ ☆ ★ ○ ★ ●

○ ○ ● ★ ☆ ★ ○ ★ ☆ ★ ○ ★ ●

○ ☆ ○ ☆ ★ ● ☆ ● ○ ★ ● ☆ ★

日期_____   时间_____   错误_____   评价_____

挑战 2：镜像数字

规则：请在图中圈出正确的镜像（4891）。

日期_____ 时间_____ 错误_____ 评价_____

挑战 3：圈数字

规则：请以最快的速度写出下列数字中重复的数字，如 22、33。

6457882201564890234755641203589942105623

6210345894510255896612457889563665411055

2365678945225647801256471021443389012578

6601245883741009513510059753015948624114

日期_____ 时间_____ 错误_____ 评价_____

挑战 4：数图形

规则：数一数每种图形的个数。

△	＊	木	木	○	＊
木	⊕	∨	⊕	＋	×
×	○	▽	×	⊕	△
＋	⊕	∨	木	○	∨
∨	○	⊕	▽	△	∨
×	△	＊	×	木	＊

日期_____   时间_____   错误_____   评价_____

三、听觉专注力训练

这类型的训练锻炼的是听觉专注力和专注力的稳定性。

挑战 1：重复话

规则：考官读一句，被测者重复一句。一字不差重复正确，即为通关。

1. 我有一个背包。

2. 我有一个绿色的背包。

3. 我有一个绿色的带白色花瓣的背包。

4. 我有一个绿色的带白色花瓣的单肩背的背包。

5. 我有一个绿色的带白色花瓣的双肩背的姐姐送给我的背包。

6. 我有一个绿色的带白色花瓣的双肩背的过圣诞节的时候姐姐送给我的背包。

7. 我有一个绿色的带白色花瓣的双肩背的过十岁那年圣诞节的时候姐姐送给我的背包。

8. 我有一个绿色的带白色花瓣的双肩背的过十岁那年圣诞节的时候姐姐送

给我的我最喜欢的背包。

9. 我有一个漂亮的绿色的带白色花瓣的双肩背的过十岁那年圣诞节的时候姐姐送给我的我最喜欢的背包。

挑战 2：听词拍掌

规则：考官每隔 2 秒钟报一个词语，认真听，你的目标是动物、水果和家用电器。听到动物名称时拍一下手，听到植物名称时拍两下手，听到家用电器时拍三下手。

飞机　小草　燕子　飞舞　萤火虫　孩子　积极　电视　草莓　勇敢

感谢　彩霞　樱桃　信封　邮寄　洗衣机　可爱　悲哀　气概　橙子

远方　狮子　猴子　童话　电饭锅　葡萄　蜗牛　喘气　危险　安静

牙齿　完成　哈密瓜　柚子　老虎

挑战 3：听记训练

规则：考官读一遍诗，请被测者把诗背出来。

蘑菇

蘑菇是寂寞的小亭子

只有雨天

青蛙才来躲雨

晴天青蛙走了

亭子里冷冷清清

挑战 4：听故事答问题

规则：考官读一遍故事，考生根据问题进行作答。

有一只小象，刚刚生下来。

第一天，它看见了许多小动物。

第二天，它认识了许多花儿、草儿。

第三天，妈妈带它到河边，它看见了河水和高山。

小象说："世界真大呀！"这时，一只小鸟在天空中飞来飞去。

小象想："要是我也会飞，可以看更多的东西，多好呀！"小象爬上树去学飞，"哎哟"一声，摔了一个大跟头。

蛇看见了说："小象，我们有自己的本事。我不会飞，可是，我会在树上睡觉。"

狮子说："我也不会飞，可是，我能跳过宽宽的大河。"

老虎说："我不会飞，可是，我会游泳。"

爸爸妈妈对小象说："我们大象力气大，这是小鸟不能比的。" 小象明白了，它跟着爸爸妈妈运木头。它用长鼻子一钩，大木头就搬走了。大家都喜欢它。小象说："我是小象真幸福。"

问题：

1）小象看见天上的小鸟，它想什么？

2）蛇会飞吗？它会什么本领？蛇是怎样对小象说的？

3）狮子它会什么本领？狮子是怎样对小象说的？

4）老虎它会什么本领？老虎是怎样对小象说的？

5）小象有什么本领？

四、体觉专注力训练

训练 1：腹式呼吸法

方法：吸气——首先放松全身，自然呼吸，然后用鼻吸气，最大限度地向外扩张腹部，使腹部鼓起，胸部保持不动。

吐气——用嘴把所有废气从肺部呼出去，最大限度地向内收缩腹部，直至全部吐出。

循环往复，保持每一次呼吸的节奏一致。每次训练 5～10 分钟即可。

大家可以经常做一下腹式呼吸，这不仅可以提高我们的专注力，还能增强免疫力。

训练 2：手指操——猎人枪打兔子

方法：先将右手的大拇指和食指伸出，其他手指握紧，表示一把手枪，左手只伸出食指表示数字 1；然后换手，左手的大拇指和食指伸出，其他手指握紧表示手枪，右手伸出食指和中指表示数字 2。以此类推到 5。

训练 3：进行体育运动

方法：网球、乒乓球、羽毛球、跳绳等都是非常好的注意力训练方法。在运动的同时，我们的大脑机能也会得到锻炼。所以，多多运动吧。

专注力训练的方法还有很多，我在书的最后一章也给大家准备了一些素材。

任何训练都不能一蹴而就，你不妨每天选几项，训练 10 分钟左右，坚持一个月，你一定会发现自己的进步！

第三节
观察力是提升记忆力的关键变量

———————

江苏卫视《最强大脑》上很多人都对王昱珩（水哥）的"微观辨水"叹为观止，节目播出后好多人都问我："天啊，水哥的记忆力怎么会这么好呢？连水都能记得住。"其实这并不仅取决于记忆能力，而是水哥作为清华美院毕业的美术生所训练出来的强大的观察力。在英剧《神探夏洛克》中，福尔摩斯与华生第一次见面，就准确说出他是什么职业，这让华生惊叹不已。华生问福尔摩斯是怎么知道的，福尔摩斯说："是观察到的。"

观察力就是我们大脑通过对声音、气味、温度等一系列外在的表象来对新事物的认知能力。人们认识事物往往都是从观察开始的，面对同一个人，有些人只能看到这个正在讲话的人的脸和表情，而有一些人能观察到他身上的衣服、手上的饰品，甚至是更多的信息。如果一个人不善于观察，那么他记忆的内容极有可能也是模糊不清、不确切的。例如，你做题的时候，是不是经常找不到关键词，或者看漏信息。又或者你开车在路上，认真看着前方，右后方突然出现了一辆车子，吓得你赶紧打方向盘，心有余悸。其实即使有了好的专注力，观察到的东西少了，记忆力的准确性和多少也会大打折扣。所以，观察力是提升记忆力的关键变量。

只要是能力，就可以被训练。观察力也不例外，我们可以用一些游戏，甚至日常多观察就可以让观察力提升。

第四节
观察力训练方法

————

《最强大脑》中有一个项目叫作"冰雪奇缘"，现场呈现30瓶碳酸钠过饱和溶液的结晶过程，选手需要观察这个反应过程，然后找出被替换的5瓶。这个项目需要选手拥有强大的观察力，一点细节都不能漏掉。中国选手陈智强出色地完成了挑战，获得了当期首封全球脑王争霸赛的邀请函。

好的观察力，是从外到内、从大到小、从框架到具体的。观察力可不是"看"那么简单，而是我们大脑主动参与，调取视、听、体、味、嗅五感所思考的认知过程。如果一个人持续去训练自己的观察力，大脑皮层接受了丰富的刺激，大脑越用越活，智力也能得到很好的提升。

这里给大家推荐几个观察力的训练方法，帮助大家提高观察力。

一、静态观察法

选一张照片，对其中的景象进行观察。先看30秒，然后根据自己的印象对观察物进行说明或描述。可以让自己的朋友，拿着照片随意地提问，以检查自己观察和记忆的精确度。然后我们可以将观察时间逐步缩短为20秒、15秒，甚至是10秒。

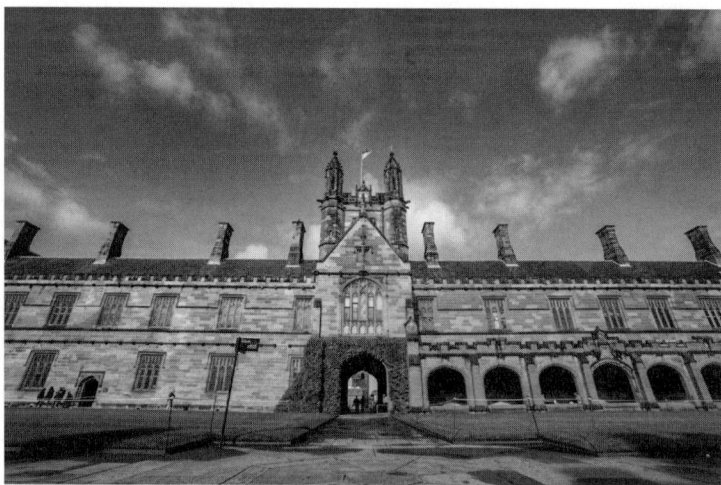

例如：观察上图 30 秒后：

1. 尽可能描述照片里的内容。

2. 由朋友拿着照片提问：

1）图片上的主体是什么？

2）图片中城堡的右侧有什么？

3）图片中城堡左侧有什么？

4）图上有几个烟囱？

5）图上有几扇窗户？

6）图上有几个门洞？

7）小窗户上有几条竖杆？

提问可以从大到小、从外到内发问。没有回答上来，也可以反复多训练几次。

二、动态观察法

平时在自己的房间、餐厅、学校、办公室等行走安全的场所里，匀速绕一圈，尽可能多地去观察身边的物体。然后进行回想，尽可能多地说出行进过程中所看到的物体甚至是物体的细节。

也可以站在街口，观察来往的行人车辆，尽可能说出行人的衣着特征、相貌、性别或者是车的车牌、颜色、形状。这一方法可以帮助自己在动态的过程中，观察到尽可能多的物体细节。

三、重点观察法

1. 明确观察任务

有一次我带小侄子去公园玩，一整天下来他非常的开心，我问他我们都玩了什么，他却支支吾吾的，好像回忆不起来。我们明明又是看花车，坐船，玩各种游乐项目的，他却只能回忆起很开心、有很多人。

想要避免这种情况，其实我们就要提前明确好我们的观察任务。第二次，我带小侄子去动物游玩之前，我们就列了几个观察任务，例如：大熊猫有几只？它们都叫什么名字？他们都吃些什么？大熊猫全球有多少只？长颈鹿有几只，几大几小？你最喜欢的海洋动物是什么？我们一共列了十几个观察任务，小侄子不仅玩了，还带着任务去发现世界，甚至在我问他的时候，还讲出了我们是什么时候看到小熊猫的，讲出了更多的细节。

其实家里养小动物的，也可以做一份观察日记，带着任务去观察这些日常生活中的小动物、小物品，甚至是事情，才能从繁杂的信息观察中，找到重点观察的内容。

这种方法也适用在咱们出门旅行前，做个明确的观察计划，能让你的旅途有不一样的收获。

2. 寻找游戏

《寻找威利》这本风靡全球的观察力书，就是一个非常好的重点观察的训练手册。男主角威利身穿红色白色条纹上衣，藏在一大堆的人里，等待你找到他。

这就是一个训练观察力的好方法。把要找到的物品，放入一大堆的物品中，看自己是否能快速地找到它。目前也有许多同类型的手机游戏，能让人在玩耍中提高观察力。

那么接下来我们就一起来做一个观察的小挑战吧！看下你花多长时间才能找到右上面的图形，别忘了计时哦。

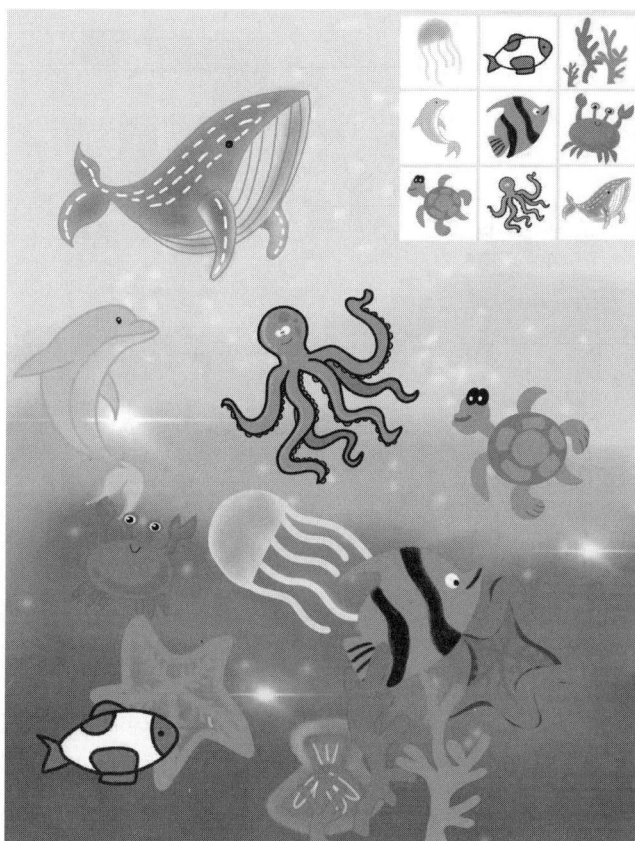

3. 天女散花

取 20 ~ 30 片大小相同的硬纸片，正反两面都涂上红、绿、蓝或者其他 3 种颜色，放到同一个小盒子中。混合均匀后，随手抓一把（数量不限）抛向空中，让它们自由掉落在桌子上。利用抛落的时间，观察这些小卡片，落地后，快速写下自己观察到的这 3 种颜色的纸片的数量。

可以多次尝试完成，卡片抛落的数量和时间都可以逐步地改变来达到更好的训练目的。

四、对比观察法

对比观察法，其实就是观察几种事物或者事物的不同时期。这里我们也可以分成横向观察和纵向观察。

横向观察对比法是对两个，或者两个以上的物品进行对比，发现它们的联系或者是不同。比如我们观察一堆零食，发现了很多都是粉色的包装或者是相同的品牌。我们经常玩的找不同其实就是横向对比法观察法的例子。

请观察左右两张图片，有几处不同点呢？请在图中圈出来（请计时）。

用时：_____　　　正确：_____

（答案：9处不同。分别是：嘴巴，头发，耳环，丝巾，衬衫，西装扣子，麦克风，袖口扣子，鞋带）

纵向观察对比法是我们对同一物品不同时期的观察方法。例如，家门的小树一年四季都有什么样的变化呢？小狗跑起来和走的时候又有什么不同呢？

观察日记——小树的一年四季				
时间	春	夏	秋	冬
树叶				
树干				
果实				
……				

训练观察力，在生活日常中随时随地都可以训练。观察力和专注力是一对好朋友，它们都是影响记忆力的先决条件。而观察不仅要用眼睛看，更要用脑子"看"。

任何能力的锻炼都不是练一次就能永久提升的，只有多练习才能真正地学以致用。

第五节

人类的第一种语言

我要问大家一个问题，你说我们人类生下来学到的第一种语言到底是什么呢？有人说是咿咿呀呀的婴儿语；有人说是我们的母语；有人说是肢体语言。那么请大家看下列文字，你能告诉我，它们代表的是什么吗？

トイレ ﺣﺮﺍﺽ Тоалетна туалет Banheiro Retrete Vécé Dịch

其实它们都代表着一件东西，而且在我们日常生活中非常常见而且重要的东西。也许有朋友要猜开心、幸福、睡觉。可是这些都不对。别着急，我们来看下面这张图，请告诉我，它代表的是什么呢？

看到这个图标，我相信大家都会一副恍然大悟的表情，原来这些文字代表的是厕所啊！通过这个小案例，其实我们就知道了，全世界人类学习的第一种语言就是——图像。

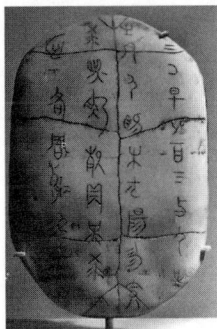

上边的两幅图，一张是甲骨文，另一张是楔形文字。我相信，大家都能猜出它们描述的是一段狩猎的场景。其实很多被记录的知识都是图像，例如丝绸之路上非常有名的莫高窟。2021年夏天，我正好去莫高窟游玩，导游老师跟我们说，丝绸之路非常的长，又特别难走，来往的是世界各地的商人。当时的宗教人士就想，人在绝望无助的时候是需要信仰的，这正是一个传道的好机会。但是如果把文字刻在墙壁上，就有一个问题，世界各国的人说的语言不一样啊？那不认识字的怎么办呢？于是他们就把经书上的故事内容变成壁画，这样无论男女老少，无论来自哪个国家，都能看得懂了！所以莫高窟的壁画也叫作"经变画"，也就是经书变成图画。

图像、视觉化的编码是我们学习的第一种语言，利用好图像才能让我们记忆能力更强大。

接下来我们就来看这一段文字10秒，并说出你记住的词语。

篮球　飞机　墨水　小丸子　猪八戒　电视机　闪电　小男孩

松树　妈妈　糖果　项链　　房子　　太阳　　书包　扫把　可乐

你能说出几个词语呢？请记录：＿＿＿＿＿＿

那么接下来，请看这张图10秒，看看这次你能说出多少你记得的词语呢？

两次相比，你是不是觉得好像第二次记得更多呢？记忆的存储本来就是图像化、视觉化的内容。

第六节
将文字转化成图像，创造视觉化编码

在上节里，我相信大家都感受到了图像的力量。不信，我们再来看这幅图，请大家将它们依次记忆下来。

请填空：

篮球　（　　）　（　　）　小丸子　（　　）　电视机　（　　）

小男孩　（　　）　（　　）　糖果　（　　）　房子　太阳　（　　）

（　　）　可乐

对照一下图片，你答对了多少呢？

看到这，有些朋友肯定要说了，你给的这些词很容易想象成图像啊，但是有一些词，我就想不出来怎么办呢？下面，我们就一起来解决这个问题。

说到词语分类，你会想到什么？名词、动词、形容词、虚词、介词？在记忆法里，可没有这么多的类别，只有2类，一个是形象词，另一个是抽象词。

什么是形象词呢？顾名思义就是有"形象"的词，也就是说到这个词，有相对应的直观具体的图像。例如：

围巾——

城堡——

奖牌——

月饼——

什么是抽象词呢？不能用直观具体图像表达的词语，就是抽象词。

例如：信用，说到这个词，你脑子里想的是什么呢？"我很讲信用"？一个人拍着胸脯？这个画面一定能表达信用吗？

又比如：中秋。天啊，中秋居然是抽象词吗？月饼、嫦娥奔月、圆圆的月亮不都可以表达中秋吗？你瞧，有很多图像都可以替换中秋这个词，但是却没有一个图让你一看就知道是中秋。所以它也是抽象词。

那么问题来了，我们如何把抽象词转换成图像储存在我们的大脑里呢？这是很多朋友学习记忆法的一个难关。一个小口诀就能解决我们的难题。它就是"提鞋赠刀王"，也就是提着皮鞋赠送给了刀王。也就是替换、谐音、增减字、倒字、望文生义这五种方法。把抽象词变成形象词，就能方便我们记忆。

提——替换。指的就是把抽象词直接替换成你脑子里第一个出现的图像。例如，提到泰国，我们脑海里立刻就出现了人妖、大象、四面佛塔的画面，这些就是很好的记忆线索。这里要给大家友情提醒，替换的图像一定要简单、具体，千万不要太复杂。

训练：中秋——

　　　荣誉——

　　　胜利——

　　　上海——

鞋——谐音。这个方法好像很多朋友从小用到大，从小时候给同学起外号，到长大网络上流行的"谐音梗"。"谐音"就是根据文字的读音，联想到一个有具体图像的画面。比如，你可以把"亚历山大"转换成"鸭梨山大"，想象有一座鸭梨形状的山，它非常大，这样我们很容易就能记住了。

训练：外甥打灯笼——照旧（　　　）

　　　龙王爷搬家——厉害（　　　）

　　　闷痛——

　　　努力——

谐音法应用的层面非常的多，例如记忆大师们想要记住数字，也需要将这些"抽象词"转换成具体的图像。例如：

58 谐音成 尾巴

43 谐音成 死神

53 谐音成 "乌纱"帽

谐音法让我们的日常生活充满了乐趣，很多脑筋急转弯都是谐音得来的，你快来试试能不能猜出这些抽象词。

1. 哆啦 A 梦没有脖子是出于卫生考虑，为什么呢？因为蓝脖积泥（　　）

2. 镖局帮妖怪运送盐的时候需要很多辆马车，为什么？因为妖盐货重（　　）

3. 王丞相跟别人下棋都输，但是偏偏跟皇帝下他就能赢，为什么呢？因为输人不输朕（　　）

赠——增减字。你也可以通过在原来的词语的基础上增加或者减少字，把抽象词变成新的形象词。比如，"信用"可以增加一个字，成为"信用卡"；再比如，把"抽象"变成"抽象画"。这样一来，脑海中就更容易生成画面了，内容自然就更好记了。

训练：梦想——

　　　　人民——

　　　　奇异——

　　　　保险——

刀——倒字。简单来说，就是把词语中的字颠倒一下顺序。比如，"雪白"倒字之后变成"白雪"，"代表"倒字之后变成"表带"。当然，这个方法有一定局限性，更适合那些倒字之后有具体图像的词。

训练：花火——

　　　　王国——

　　　　帝道——

王——望文生义。就是根据意思的理解，转换成具体的图像。比如，"四通八达"这个词，你就可以想象一个车水马龙的立交桥；再比如，"金融"这个词，你可以根据字面意思，想象一幅金子融化的场景。

训练：抓拍——

　　　　客套——

　　　　安土重迁——

耳提面命——

马革裹尸——

在我们实际使用时，可以根据语境内容，灵活使用这几种方法。比如，你要记忆"招商引资"，就可以选择增减字和谐音这两种方法，想成招商银行点银子，或者用望文生义的方法，想象成四处找人给钱，瞬间就有画面感了。文明，可以利用替换和望文生义的方法，联想成戴着红袖章的老大妈。

在这里提示大家，同篇文章中出现了相同的词语，一定用相同的图像。比如苹果，你脑子里出现的是一颗红彤彤的苹果，下一次出现这个词的时候，一定要使用同样的图像。又比如，你使用增减字的方法，把"荣耀"转换成了"荣耀手机"，那就不要再用替换的方法，把它转换成"奖杯"。否则，你的大脑会以为它记了不同的东西，产生混淆，降低了准确度。

衡量转换是否正确的最好评判标准就是你能否轻松回忆起来画面，并且一下就想到了转换前的词语。每当我们使用这几种方法进行抽象词转换后，不妨闭上眼，再回忆一下内容和你想象的图像，加深自己的印象。多多使用，才能真正地掌握牢靠。

第七节
联结是记忆法的本质

记忆法的本质其实就是联结——将新信息与已知的信息联结起来，以达到记住新的知识的目的。

记忆法在哪个行业应用得最广泛？你猜到了吗？答案就是广告业！是不是情理之中，又意料之外呢？

国外的设计大神们说，好的广告就是要让人觉得新奇好玩，记得住，忘不掉。记忆法就是逻辑和非逻辑创造联结的艺术。逻辑就是我们日常生活中常见的人事物，非逻辑就是超出寻常的表现，把它们联结在一起，其实就是能记得住的本质啦！举个例子，如果有一天我们走在路上，看到了一条狗，你会停下来拍照发朋友圈或者分享给自己的朋友们吗？大概率是不会的，我们每天出门可能都会看见狗，习以为常，没有什么记忆亮点。但是如果今天咱们走在路上，突然看见一条狗长了翅膀在天上飞，你会干什么呢？赶紧打开手机，拍视频，发抖音，分享给亲朋好友。

所以，联结就是记忆法的本质。那么接下来我们就一起来试试看，请将下边两个词联结起来，形成一个新的内容（你也可以画出你的想法）。

训练：骡子 + 木头——木头的骡子

贝壳 + 棒球——

兔子 + 楼梯——

绿叶 + 汽车——

鲜花 + 球门——

唢呐 + 流水——

玫瑰 + 书——

咖啡 + 柜子——

高效、牢靠的记忆法无一不建立在构建联结的基础上。究其本质，是大脑中的新神经元需要与已存在的神经元进行联结，才可以保证自己的存活与生长。那么，在以下两个大脑中，哪一个更有利于新神经元的存活呢？（白色光点表示神经元的个数）

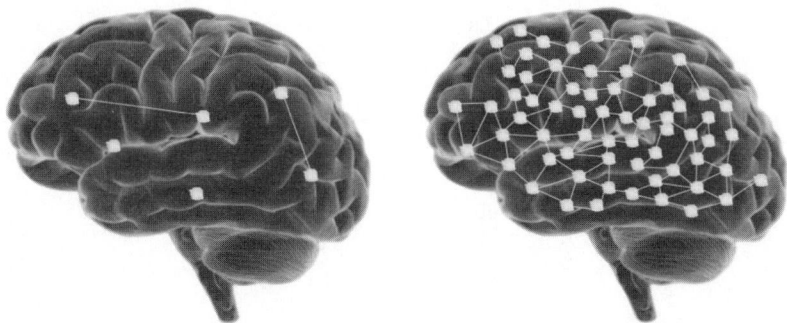

大脑发育与记忆力的关系

答案显而易见，一定是后者。因为后者具有大量的神经元为新加入的神经元提供联结的条件。这就是我们通常所说的"脑子越用越好用""单词越记越好记、古文越背越快"以及"神奇的知识迁移"等现象的原因。

第八节
结构是一切学习的终极形态

在我们讲大脑记忆储存的时候，片段的视觉化"波"存放在神经元里，然后两个贴上同一标签的神经元联结起来，形成了结构网络。在我上学的时候，班上总有这样一类人，老师讲的是历史，他却能把这些内容和同一时期的政治、地理联结了起来，甚至可以得出一个模型，应用在另一段的历史上。这种人简直就是上帝的宠儿，脑子太好用了吧！2017年以后我开始创业，不得不学习大量的商业知识，突然发现，这好像也能和记忆法的某个知识联结起来，甚至是后来形成了我处世的底层逻辑。这其实是我们的在不断的记忆中联结增多形成了结构，也是我对世界的建模。

经常有人会问我这样一个问题"记忆力好就学习好吗？"这可是两个维度的事情，不能混为一谈。如果我们把学习分成3个阶段，输入—内化—升华，记忆解决的其实更多的是输入的问题。图像化，联结就能让你的记忆力有明显的提升，只是即使你记住了很多的知识，不去理解它，不去使用，你就像金庸笔下的王语嫣一样，背得住那么多的武功秘籍，自己还是一个武林小白。而将我们记住的知识结构化，不仅是记忆法的高阶用法，也是我们学习的终极形态。作为一名教了10年学的记忆大师，如果只是教大家记住知识，那岂不是轻车熟路，更重要的是我想告诉大家，想要会学习，解决记忆仅仅是输入知识的第一步，而至关重要的下一步是构建模型并不断使用它。

我为什么说学习的终极形态是构建结构呢？

这可不是我瞎说，我们从"三位一体脑"的假说中就可以窥探一二。

保罗·麦克雷恩20世纪60年代提出，根据在进化史上出现的先后顺序，人类大脑应该被分成三部分。

一、 爬行动物脑——生存

2.5亿年前的"爬行动物脑"是最早出现的脑结构，它的演化是为了生存，其控制生命基本功能，如心跳、呼吸、打架、逃命、喂食和繁殖等功能，这是我们的生存本能，是亿万年遗传所得。

二、古哺乳动物脑——记忆

"古哺乳动物脑"，也就是我们的边缘系统，这一部分和所有哺乳类的大脑，在本质上并无二致，包含感觉和情绪，拥有玩乐的欲望，也是母性的来源。

值得一提的是，它也参与我们的记忆活动。如果说在爬行动物时，只为了生存。在哺乳动物的情绪驱动下，大脑就学会了记忆，也就具备了辨别的能力。受到危险产生恐惧，迅速逃离；看到食物兴奋开心，奋勇追击。

三、新哺乳动物脑—— 思考构建结构

"新哺乳动物脑"又称新皮层 "理性脑" ，在人类大脑中，它占据了整个脑容量的三分之二，分为左右两个半球，就是为人们所熟知的左右脑。

这里特别重要的是大脑的额叶前端，它是我们大脑中的"总司令"，不但控制着我们根据复杂的情况，做出选择，还能抑制一些低级中枢的活动，防止我们做出一些不恰当的行为。比如，考试的时候饿了，我们不能马上掏出东西来吃。你也不能在上课的时候，困意来袭倒头就睡。毫不夸张地讲，一切的人类文明，都建立在前脑额叶之上或者之中。

"三位一体脑"其实就揭示了，从"生存——记忆——构建结构"的一个大脑成长路径，是人类进化的必然趋势。

得到 APP 的 CEO 罗振宇曾说，2020 年他在疫情期间读了很多的书，然后他忽然间发现自己就是一个结构模型的收集爱好者。他甚至说过一句话，我越来越不关心世界的真相是什么，越来越关心你们谁能给我一个解释这个世界的更好的结构模型。

那么问题来了，这个结构到底是什么？ 我认为是"直接抽丝剥茧回到问题最核心的那个本质，从本质出发来寻找出的解决方案"再直接点，就是简单实用的底层逻辑。

举个例子，飞机的发明源于对小鸟的研究。研究的结果就是一套结构，从而产生了更多的可能。

再举个例子，很久以前，人们以为地球是平的，我们可以把这个事情看成当时人对地球认知的模型。哥伦布却坚信地球是圆的——"因为我在月亮上看

到过地球的影子"到后面麦哲伦完成了人类的环球航行，首次证明了地球的形状，人们才相信原来地球是圆的。这个过程其实就是我们对结构的认识会在使用过程中不断更迭。

结构模型有很多种，它们都是我们认知解决问题的框架方案，也是我们学习中最重要的一部分。记忆法的高阶玩法，例如记忆官殿，其实就是一个结构模型。到底如何去做呢？别着急，我们会在内化的章节一一给大家展开讲解。

写到这我不禁想，在人类的进化中遗传实在是太漫长了；知识的传承，需要我们记录，记住；构建结构网络，又需要花大量时间思考和刻意练习才能巩固。这是不是就是那么多科学家努力想发展脑机接口的原因呢？有一天或许我们可以和世间万物联结，甚至是下载上传我们的意识呢？未来真是令人期待。

第九节
复习 + 练习是记忆力提升的核心

在打破期的时候，我们已经知道记忆"波"的储存是以特定的折叠形式，叠加得越多，记忆的强度就越大。我们想将瞬间记忆变成长久记忆，就需要通过不断地重复和在生活中实践使用使之形成叠加。

我们说学习有 3 步：输入——内化——升华，记住知识，理解知识，还要学会用知识。中国的造字文化博大精深，"记忆"由 2 个字组成，记是一部分，回忆也是一部分；"学习"也是由 2 个字组成，不仅要"学"，更要"习"。记知识是我们输入知识，构建结构是内化知识，而复习练习就是我们学以致用的关键步骤。而我们很多人学完了知识后，就以为掌握住了，其实万里长征不过走了二分之一而已。

事实上，我们想掌握什么能力或者是知识，练习都是必要的。达·芬奇被称为世界上最聪明的人，在绘画、雕刻、发明、建筑、数学、生物学、物理学、天文学、地质学等学科都有着非凡的建树。即使是这么聪明的人，在最初学习绘画的时候，他的老师弗罗基奥却让他一直画鸡蛋。他说，天下没有相同的两颗鸡蛋，即使一颗鸡蛋在不同的角度、光线的折射中也会有着不一样的样子。也就是因为这样的基本功练习，练就了达·芬奇非凡的观察力和绘制基础。与其说一个人有天赋，不如说天才都是后天练习塑造出来的。脑科学研究表明，人的认知是有限的，练习可以把低层次的思考过程自动化，从而给更高层次的思考留出空间，这就是为什么我们可以边吃饭，脑子里边思考自己的项目的原因。

卖油翁的故事里，卖油翁之所以能将油穿过铜钱的孔，无他，唯手熟耳。

所以，复习 + 练习，就是短时记忆转成长时记忆的重点，也是记忆力提升的核心关键。

第三章

内化期

CHAPTER3

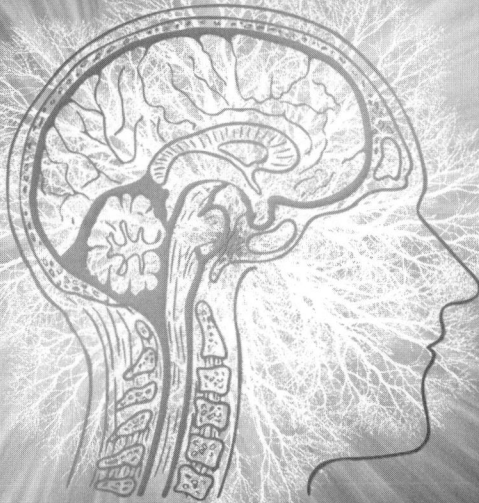

第一节
锁链记忆法

———————

记忆法的第一步是将所要记忆的信息转换成图像，第二步是创造联结。那么问题来了，信息一多起来，我们该如何把信息联结起来呢？这一节，咱们就来学习联结的第一个方法，锁链记忆法。

锁链记忆法，顾名思义就是把记忆的图像像锁链一样一个跟一个、顺序不乱地串起来。这里有几个非常重要的点：第一，内容要有具体、一致的图像。例如：我们记忆的材料里出现了"手机"这个词，你第一次想到的是华为p40，第二次如果再出现"手机"这个词，你想成了大哥大，这可不行。在前边的章节里，我们也讲过，这样前后不统一的方式，会让我们的大脑以为是两个不同的内容，从而记忆混乱。正确的方式是，看见"手机"这个词，大脑就反应同一个具体的图像。大哥大或者智能机都可以，关键是同一个图像。第二，两个图像之间要联结，并且有接触点。这个很多人很难理解，我来解释一下，例如我看着你，我们两个之间用眼神构建了联结。但是如果把这个情境"咔嚓"用相机拍下来，再拿给第三者看，他不一定能体会到这种联结。所以，联结的图像需要发生碰触，比如两个人牵手、拥抱，等等。第三，内容之间一般用动词联结。这天下班或者放学，你走进了空无一人的电梯下楼和你挤进了一个站满了人、一点活动空间都没有的电梯，感觉是不一样的。所以联结的时候，也可以用一些带有"力量"的动词，让画面更加具有动态感，从而加强我们的记忆。

那么接下来，我们就一起挑战用锁链法记忆下列文字吧！

飞鸟　白棉花　红高粱　藏宝图　马语　爆炸　金字塔　蛙

透明的红萝卜　酒国

第一步，我们要将记忆的资料在脑子里转换成图片。

例如：飞鸟——飞着的小鸟　酒国——放满酒瓶子的国家

第二步，将内容一个个顺序不乱地串联起来。

飞鸟飞到了白棉花上，白棉花插在红高粱地里，红高粱结出了藏宝图，藏宝图是用马语写的，马语突然爆炸了，爆炸后出现了金字塔，金字塔里都是蛙，蛙跳上了很大的透明的红萝卜，透明的红萝卜堵住了酒国。

好，接下来，请大家拿出笔，在下边的括号里填空。（友情提示：不要偷看上边的内容哦！）

（　　　）飞到了（　　　）上，（　　　）插在（　　　）地里，（　　　）结出了（　　　），（　　　）是用（　　　）写的，（　　　）突然（　　　）了，（　　　）后出现了（　　　），（　　　）里都是（　　　），（　　　）跳上了很大的（　　　），（　　　）堵住了（　　　）。

你答对了多少呢？ 其实我们记忆的正是诺贝尔文学奖的获得者莫言的十部作品。在记忆的过程中，一定要想象出画面，让画面动起来，这样才能记得更准、更牢。

锁链法记忆法的关键就是图像的前后联结，只要你能抓住这个核心，就能学会这个方法。它也是我们记忆法里最常用、最基础的方法之一。

那么接下来，我们再来把挑战难度升级。这一次需要你独立完成，请记住下边的词语：

钥匙　鹦鹉　乌龟球儿　尿壶　山虎　八爪鱼　气球　扇儿　妇女　饲料
好记性不如烂笔头：将你的"锁链"写下来，便于以后的复习吧！

_____

_____

第二节
故事记忆法

————

2012 年杭州有两个小学生把地铁故事编进了数学题里，来帮助他们班级的同学更好地理解记忆此类的题型。这种新型的解题思路一下就让人豁然开朗，受到学校的大力推广。

当我们的记忆有了真实的场景和故事，记忆的速度也会大幅地提升。因为故事相比写在纸的文字更有画面，更有趣，更有空间感，也更有趣味性。故事法就是基于这种原理而被广泛应用的。

故事法顾名思义就是把要记的信息转换成图像后，用故事剧情场景串联在一起。这里的规则是：第一，故事要简洁。例如妈妈让你买条毛巾回来，你兴高采烈地下了楼，碰见小猫、小狗摸一下，看见大爷们下棋你去看一下，碰到大妈跳广场舞你也跟着跳一下，晃了一圈，天黑了，回家一开门，哎呀，东西忘了。早知道这样，就下了楼直接去买了。两点之间，直线最短。我们的故事如果出现了太多跟主体无关的内容，就会增加遗忘的概率。第二，有趣生动。

我们的大脑都喜欢夸张、好玩、有趣、生动的内容。所以我们在用故事法的时候不妨发挥点想象力，让故事动起来，更好记忆。第三，一定要有图像。很多人记忆的时候，喜欢按理解的意思记忆，可是当回忆的时候，却忘记了理解的意思对应的确切内容。所以，一定要学会运用图像语言，帮助我们快速高效地记忆。

接下来，让我们一起看下列的词语，看看能不能把它们编成一个简洁、有趣、生动、形象的小故事吧！

我们是猫　虞美人草　草枕　三四郎　从此门　明暗　行人　一直到对岸　稻草

在编写记忆故事的时候，一定要发挥想象力，就像是看一个电影片段一样去记忆。

我们是猫，吃着虞美人草，枕着草枕睡大觉，三四郎从此门走过，在明暗的阴影之中跟行人一直到了对岸，道路上长满了稻草。

让我们一起来回忆一下这个故事吧。

（　　）吃着（　　），枕着（　　）睡大觉，（　　）（　　）（　　）走过，在（　　）的阴影之中跟（　　）（　　），道路上长满了（　　）。

我们记忆的词语是：

_____

_____

这是日本记忆专家坂井照夫先生记忆日本作家夏目漱石作品的经典案例（按照中国人语言习惯有所更改）。他说这个小故事不仅让他一遍就记住了夏目漱石的作品，还能顺序不乱地说出来，甚至还可以倒着说出来。（大家可以试试，

是不是能倒着把我们记忆的内容说出来）

接下来就是大家的自我挑战时间，请用故事法把下边的名著按照顺序记下来吧：

《红楼梦》《水浒传》《三国演义》《西游记》《镜花缘》《儒林外史》《封神演义》《聊斋志异》《官场现形记》《东周列国志》

好记性不如烂笔头，写下你的故事吧：

_____

_____

_____

恭喜各位朋友，你在本节学会了日本作家夏目漱石的作品和十本名著，快给自己点掌声鼓励吧！

学完了锁链记忆法和故事记忆法，可能你会有这样的疑问，这两种方法有什么区别呢？锁链法主要是两两相联并接触，一定要有接触点。而故事法是处在一个大的场景之中，发生的故事剧情，可能相互并没有联结点。因为这个大场景本身就是一个联结的信息。当然啦，有些朋友也会根据不同的挑战和遇到的知识，将两个方法结合起来使用。实用主义原则，黑猫白猫，记得住才是好猫嘛。

第三节
绘图记忆法

———————

马克·吐温曾经在演讲的时候，把关键词写满手指，这使他非常苦恼。后来他发现把要记忆的内容画成小简图，画完就能记住所有的内容了。爱因斯坦也曾说过："我的所有点子都是通过画图得来的。语言只不过是我用来向别人解释我的想法的工具。"

将要记忆的内容转换成视觉化的图像编码是记忆的关键，而这些存在脑子里的图像如果能落在纸上，会让我们的记忆水平更上一层楼，因为绘图不仅帮我们固定了脑中的画面，呈现在了纸上，更重要的是让我们以后复习起来更加高效。

绘图记忆法的要求是：选择我们要记忆的内容，转换成图像。按照用简图把大脑构建的联结画下来，最后核对原文进行复习。很多人学习这个方法的时候，总会问我，我不会画画怎么办？或者是我画得不好，怎么办？其实这是大家的一个误区。图像简单明了就好，它是帮助我们回忆的线索，并不是参加画画比赛的作品。

那么接下来，我们就一起来看几个案例吧。

1. 建立良好人际关系的基本原则：平等、守信、宽容、尊重、互助。

在这里我们抓到了几个核心关键词，然后将它们转换成图像：平等——天平；守信——信封；宽容——艺术字"宽"；尊重——鞠躬；互助——一个人帮助另一个人。

我们可以这样联想：人们之间的关系好像一个天平，一端挂着信封，另一端挂着艺术字"宽"；人们在天平上，互相鞠躬，常常会有一个人帮助另一个人。

我们画出的小简图如下：

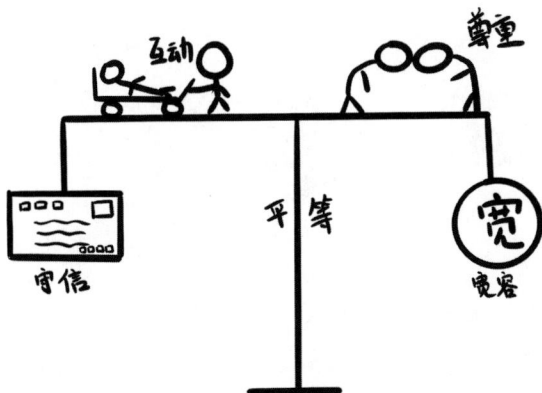

你也可以自己尝试着画画，这里我选择的小简图就是我学生的随手作品。实用主义原则，能记住才是关键。

2. 经济全球化表现：生产全球化、贸易全球化和资本全球化。

经济全球化，我们可以联想成一个地球中间都是钱。生产——铲子；贸易——毛衣；资本——本子。组合成一幅图如下：

3. 火在早期人类生活中的用处：烧烤食物、取暖御寒、照亮洞穴、驱赶野兽。

我们可以提取的关键图像信息是：火、烧烤食物、取暖、照亮洞穴、驱赶野兽。组合成一幅图如下：

绘图记忆法其实就是将我们大脑中的记忆画面用简图的形式画下来，方便我们更好地记忆。绘图法的应用场景也很多，我们也可以把它和其他方法结合使用。

最后给大家留个小练习：

黄河流域原始农耕时代的居民是半坡人。

请在下面画出你的小简图吧！

第四节
定位记忆法——记忆宫殿

———

　　传说古希腊著名诗人西莫尼德斯在参加一次宫廷宴会时，门外突然有人来找他，当他走出宴会厅时，宫殿的屋顶突然坍塌，砸死了宫殿内的所有宾客。由于尸体血肉模糊无法辨认，他只能在记忆中重温宴会的场景，回忆出了不同位置坐着的是谁。这件事后，西莫尼德斯意识到可以凭借联系带有顺序、位置信息的意识图像，来记忆所有事件，这也是记忆宫殿最早的记载。

　　此后，古希腊、古罗马的诗人、哲学家甚至政客都开始运用这种方法记忆自己的演讲稿，宗教人士也用记忆宫殿的方法来记住《圣经》的故事，方便自己传道，所以记忆宫殿也被称为古罗马宫殿法。在《与爱因斯坦月球漫步》一书中，乔舒亚·福尔就详细地介绍过记忆宫殿："（记忆宫殿）可大可小，可以在室外也可以在室内，可以是真实的也可以是虚的，只要你对它们足够熟悉，而且是井然有序的，可以让你把一个地点与邻近的一个地点联系起来……一个人可以拥有几十座、上百座甚至几千座记忆宫殿，每座宫殿用来储存不同的记忆。"看到这里，有些人不禁要问，天啊，这个方法看起来有点难啊！我的脑子里并没有那么多的宫殿，怎么办呢？

　　记忆宫殿是一个舶来词，其实在不断训练以后，我觉得"定位记忆法"能更好地诠释它。

定位记忆法的要求是建立有序的定位系统，将要记的内容转换成图后跟定位系统相联结。"宫殿"只要符合3个要求，就可以成为我们的定位系统。这3个特征是熟悉、有顺序、有特征。

到底如何来做，我们先一起看下面这张图，从这张图上，我找到了10个位置，做成我们的定位系统。

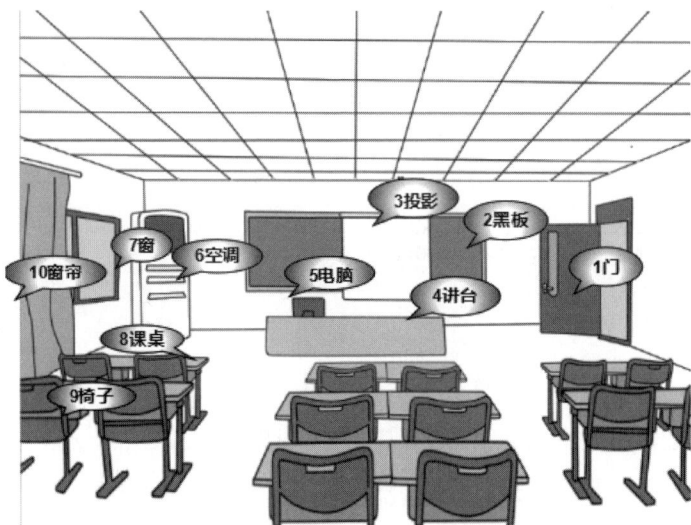

这是一个教室的图片，相信大家都比较熟悉这个环境，它符合了我们建立定位系统的第一个要求——熟悉，在这个图上按顺序找到的10个位置如下：

1. 门　　　　2. 黑板　　　3. 投影　　　4. 讲台　　　5. 电脑

6. 空调　　　7. 窗户　　　8. 课桌　　　9. 椅子　　　10. 窗帘

这10个位置，每一个都有独特的特点。房间里的桌椅非常多，我们只需选择出1个来做代表就可以了。至此，一个熟悉、有序、有特征的定位系统——记忆宫殿就做好了。

那么，接下来就让我们挑战用这个定位系统中的10个位置来记忆十种名茶吧！

龙井、碧螺春、银针、毛峰、毛尖、红茶、瓜片、云雾、岩茶、铁观音

1. 门和龙井

首先我们将要记的龙井转换成图像，如果你想成龙井茶的茶叶，那么很容

易跟其他茶混淆。所以要让它具象化且独特，龙井就想象成一口盘着龙的井。真实的井是非常大的，但在想象中，我们可以对它进行一定比例的缩小，让这口井不至于把我们的门全部挡起来，又不至于太小，一点都看不见。

联想：门上有一口盘着龙的井。

2. 黑板和碧螺春

碧螺春转换成图像——碧绿的螺，螺蛳相比黑板来说是非常小的，小小的一颗放在黑板上，很容易就看不到了，所以不妨让它密密麻麻地增多起来。

联想：黑板上爬满了碧色的螺，有点蠢。

3. 投影和银尖

银尖，我们可以谐音成银剑，同时放大比例，能让我们脑海里在投影上"看得见"。

联想：投影上插着一把大大的银剑。

4. 讲台和毛峰

毛峰，其实这个词我们读到的时候，脑子里就有了一些画面——毛茸茸的山峰，甚至还可以想象一下摸起来的触感来帮助我们加深记忆。

联想：讲台上有很多长毛的小山峰。

5. 电脑和毛尖

毛尖，我们在想图的时候，可以想象成长毛的"尖尖"，在这里我用倒字加谐音的方式，想到了一顶尖尖的帽子。帽子比"尖尖"可要更加形象具体。

联想：电脑上扣着一顶尖尖的帽子。

6. 空调和红茶

红茶，顾名思义就是红色的茶水。

联想：空调喷出了一堆红茶。

7. 窗户和瓜片

瓜片，我们就可以联想成西瓜切成了片。

联想：窗户上贴了很多的西瓜片。

8. 课桌和云雾

云雾也可以转化为具体图像。这里要注意的是，大家想象的云雾可能是飘浮在空中的，这样虚无渺茫的东西容易忘记，所以不妨在这里想象的时候让它们更卡通化一点。

联想：课桌中间的裂缝冒出了云和雾。

9. 椅子和岩茶

岩茶，我们可以用望文生义的方法来进行转化，即岩石做成的茶叶。

联想：椅子上到处都是岩石做的茶。

10. 窗帘和铁观音

千万不要用茶的味道、颜色来记忆。我的学生就犯过这样的错，他经常喝铁观音，于是就直接想坐在窗帘那里喝铁观音。时间久了，这个图像就成了一幅喝茶的图，却忘记了喝的是什么茶。所以，我们不妨把铁观音，望文生义想成铁做的观音像。

联想：窗帘后面有一座铁制观音。

好了，我们已经记完了这些内容，请你看着咱们的定位系统，依次将这些茶填写出来吧!

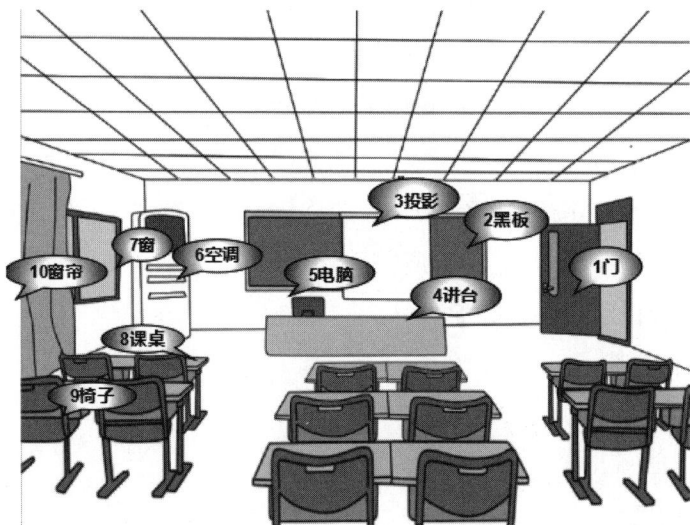

1. (　　)　　　2. (　　)　　　3. (　　)　　　4. (　　)　　　5. (　　)

6. (　　)　　　7. (　　)　　　8. (　　)　　　9. (　　)　　　10. (　　)

记忆官殿并不难"建造"，只要抓住核心的3个要点，熟悉、有序、有特征就可以了。

我们的身体也可以做成一个定位系统，也就是记忆官殿。

就让我们一起在周老师的卡通形象身上找 12 个位置建造一个定位系统吧。

我们可以根据从上到下的顺序，依次找到：

1. 头发
2. 眼睛
3. 鼻子
4. 嘴巴
5. 脖子
6. 肩膀
7. 胸膛
8. 肚子
9. 大腿
10. 膝盖
11. 小腿
12. 脚

闭上眼睛，想象着周老师的卡通形象，甚至可以摸着自己的身体部位，一起来倒着复习吧。你没看错，是倒着来复习。

请问各位朋友，你记住了吗？接下来我们就一起挑战按顺序记忆十二星座吧！

| 白羊座 | 金牛座 | 双子座 | 巨蟹座 | 狮子座 | 处女座 |
| 天秤座 | 天蝎座 | 射手座 | 摩羯座 | 水瓶座 | 双鱼座 |

1. 头发和白羊座

联想：头发上站了一只白色的羊。

2. 眼睛和金牛座

联想：眼睛里有一头金子做的牛。

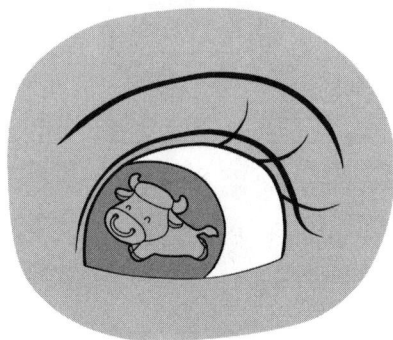

3. 鼻子和双子座

联想：鼻子上站了两个小孩子。

4.嘴巴和巨蟹座

联想：用嘴巴吃一只巨大的螃蟹。

5.脖子和狮子座

联想：狮子咬住了脖子。

6.肩膀和处女座

联想：肩膀上托着一个女孩。

7. 胸膛和天秤座

联想：胸膛上挂着一个秤。

8. 肚子和天蝎座

联想：肚子里装的都是小蝎子。

9. 大腿和射手座

联想：大腿上被射手射了一箭。

10. 膝盖和摩羯座

联想：摩羯可以谐音成魔戒。膝盖上套着魔法的戒指。

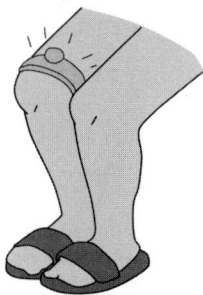

11. 小腿和水瓶座

联想：小腿上挂着水瓶。

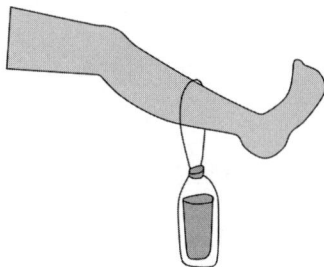

12. 脚和双鱼座

联想：脚上踩着两条鱼。

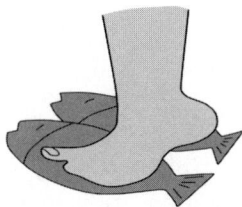

你记住了吗？不妨摸着自己的身体，来试试是不是记下来了吧！

好记性不如烂笔头，请把十二星座依次默写下来吧！

在本节咱们学习了中国的十种名茶和十二星座，方法你学会了吗？

最后给大家留个小练习：请在你的房间里找 10 个位置，构建出你的第一座记忆宫殿吧。

1.（   ）2.（   ）3.（   ）4.（   ）5.（   ）

6.（   ）7.（   ）8.（   ）9.（   ）10.（   ）

第五节
万事万物定位法

———

只要符合了 3 个准则：熟悉、有序、有特征，万事万物都可以是我们的定位系统。

接下来我就给大家介绍几个常用的万事万物定位法。

1. 人物定位法

人物定位法就是将家里的人物或者熟悉的角色按照顺序进行编排，然后将人物和要记的内容进行联结。

例如按照家庭长幼排序，我们可以得到这样一套人物定位系统：

（1）爷爷；（2）奶奶；（3）爸爸；（4）妈妈；（5）哥哥；（6）姐姐；（7）弟弟；（8）妹妹。

接下来就让我们用这 8 个人一起记忆八荣八耻吧。

以热爱祖国为荣，以危害祖国为耻；

以服务人民为荣，以背离人民为耻；

以崇尚科学为荣，以愚昧无知为耻；

以辛勤劳动为荣，以好逸恶劳为耻；

以团结互助为荣，以损人利己为耻；

以诚实守信为荣，以见利忘义为耻；

以遵纪守法为荣，以违法乱纪为耻；

以艰苦奋斗为荣，以骄奢淫逸为耻。

（1）爷爷和"以热爱祖国为荣，以危害祖国为耻"

八荣八耻的记忆里，上句和下句的核心词，如"热爱祖国""危害祖国"是相反词，我们在这里只需要记住前半句的核心词就可以推出下半句的内容了。所以我们在这里的联结是，爷爷和热爱祖国。

联想：爷爷是红军，热爱祖国。

（2）奶奶和"以服务人民为荣，以背离人民为耻"

联想：奶奶在家里为大家服务，服务人民。

（3）爸爸和"以崇尚科学为荣，以愚昧无知为耻"

联想：爸爸是科学家，崇尚科学。

（4）妈妈和"以辛勤劳动为荣，以好逸恶劳为耻"

联想：妈妈每天在家辛勤劳动，真辛苦。

（5）哥哥和"以团结互助为荣，以损人利己为耻"

联想：哥哥在家团结我们，帮助我们。

（6）姐姐和"以诚实守信为荣，以见利忘义为耻"

联想：姐姐捡到钱就会交给警察，从来不迟到，非常诚实守信。

（7）弟弟和"以遵纪守法为荣，以违法乱纪为耻"

联想：弟弟是纪律委员，让大家遵纪守法。

（8）妹妹和"以艰苦奋斗为荣，以骄奢淫逸为耻"

联想：妹妹出身比较艰苦，每天都奋斗读书。

温馨提示：八荣八耻的内容很多是基于我们的日常生活，大家会比较熟悉，所以我们可以多用一点理解来记忆。如果这个内容你完全不熟悉，你可能就需要将前后句的关键词转换成图像，甚至是夸张充满想象的画面，帮助自己记忆。

接下来，请各位同学快速复习 20 秒，然后填空，检查一下自己是否真的记住了。

以（　　　）为荣，以（　　　）耻；

以（　　　）为荣，以（　　　）耻；

以（　　　）为荣，以（　　　）耻；

以（　　　）为荣，以（　　　）耻；

以（　　　）为荣，以（　　　）耻；

以（　　　）为荣，以（　　　）耻；

以（　　　　）为荣，以（　　　　）耻；

以（　　　　）为荣，以（　　　　）耻。

这就是人物定位法，也可以用唐僧师徒 4 人，或者对你来说熟悉的人物按照顺序做成你的记忆系统。

2. 数字编码定位法

说到有熟悉、有序、有特征，数字可是完全符合这个要求的。如果只是用数字（数量）来记忆东西，就会出现仓颉造字故事里因为绳子上打的结（数量）太多，而忘记了它代表的是什么含义的情况。想要用数字记忆，我们需要使用数学编码。

数字编码一般是两位数的，以谐音，象形等形式编制。

在记忆法训练中，一般需要根据学员个人的思维习惯来改造、创建自己的数字编码系统。在本书中，为了便于讲述，在附录中给出了我的数字编码表。（见附录）。

今天我们就用数字编码来挑战记忆周易六十四卦中的前 15 卦的卦名吧。

（1）乾（qián）；（2）坤（kūn）；（3）屯（zhūn）；（4）蒙（méng）；（5）需（xū）；（6）讼（sòng）；（7）师（shī）；（8）比（bǐ）；（9）小畜（xiǎo xù）；（10）履（lǚ）；（11）泰（tài）；（12）否（pǐ）；（13）同人（tóng rén）；（14）大有（dà yǒu）；（15）谦（qiān）。

第一卦，乾卦。01 的编码是小树，跟乾该如何联结呢？有些同学说乾代表着天，我能不能让小树悬浮在天上？在我们大脑中，悬浮起来的物品极有可能时间长了"掉"下来，所以更好的想法是把乾转换成"钱"，所以这个联想是树上长满了钱。

第二卦，坤卦。坤代表着大地，02 的编码是铃儿。那铃儿放在大地上，可以吗？从联想的方法上来讲，没问题。更好的联结是坤谐音成"捆"，把铃儿捆起来。

第三卦，屯卦。这里的屯可以用谐音法替换成"准"，03 的编码是三角凳。我们就可以这样想，准备了一个三角凳。也许你要问，准备好像不容易出图，时间长了会不会也忘了呢？这个问题非常好，这里我们可以增加一个记忆的小细节，zhūn 可以是尊，引申为尊贵皇冠。那么联想就是，准备尊贵的（带着皇冠的）三角凳。

第四卦，蒙卦。蒙，用增减字法，可以想成蒙古包。04 的编码是轿车。联想：车上载着一个蒙古包。

第五卦，需卦。需，替换成胡须。05 的编码是手套。我们就可以这样想，用手套抓胡须。

第六卦，讼卦。讼，可以想到松树。06 的编码是手枪。我们可以想，手枪插在松树上。这里为什么不用开枪打呢？其实这是我们在锁链法中说到的一个原则，一定要有接触点，才更容易记忆。

第七卦，师卦。师，我们可以联想到老师。07 的编码是锄头。我们可以想，老师拿着锄头锄地。

第八卦，比卦。比，谐音成笔。08 的编码是溜冰鞋。可以把笔拟人化，联想是一支笔在溜冰。

第九卦，小畜卦。小畜，我们可以想成，小女婿（不能想成小胡须，会和第五卦需卦有所重复）。09 的编码是电话。小女婿天天打电话。

第十卦，履卦。履，我们可以替换成驴。10 的编码是棒球，一只驴在打棒球。

第十一卦，泰卦。泰，运用增减字，我们想成泰山。11 的编码是梯子，联想是泰山爬梯子。

第十二卦，否卦。否，这里读 pǐ，我们可以想成一个动作劈。12 的编码是椅儿，所以联想是劈开了椅儿。

第十三卦，同人卦。同人，我们可以想成铜人。13 的编码是医生的针管，联想是用针管扎铜人。

第十四卦，大有卦。大有，可以谐音成打油。14 的编码是钥匙，联想是用钥匙打油。

第十五卦，谦卦。谦可以想成牙签（每一卦都有自己独一无二的图像）。15 的编码是鹦鹉，所以联想是鹦鹉叼着一根很大的牙签。

做好了联结，别着急，一定要在脑子里回忆一下，然后跟记忆的内容做一下比对，记住转换前的正确文字。这样才算真正地记忆完毕，千万别忘了这一步哦。

那么接下来就是检验我们成果的时候了，请正确填写易经的前 15 卦的卦名吧：

（1）＿＿ （2）＿＿ （3）＿＿ （4）＿＿ （5）＿＿ （6）＿＿
（7）＿＿ （8）＿＿ （9）＿＿ （10）＿＿ （11）＿＿ （12）＿＿
（13）＿＿ （14）＿＿ （15）＿＿

这里教大家一个记忆法的高阶用法。你可以将数字编码和卦名、卦辞连起来。例如01卦，卦名：乾卦。卦辞：元亨利贞。解释是：很顺利，利于坚持下去。我们可以这样进行联结。01——小树，乾——钱，元亨利贞——元亨是易经中常出现的一个词，这里我们可以直接替换成一个常用的视觉化编码，比如元宝。利贞就可以用倒字想成珍梨。那么联结起来就是，小树上都是钱和元宝，摘下买了珍梨。

联结并不存在对错之分，毕竟每个人对世界的理解认知和熟悉的东西都不同，只要你能正确记忆下来就是好的方法。

定位记忆法还有很多，例如诗句定位记忆法，就是用我们的诗句的每个字做成定位系统来记住其他不熟悉的内容；字母定位记忆法，就是用字母表的顺序来记忆；又或者是题目定位记忆法，用考试的题目来记住答案。万事万物只要符合"熟悉、有序、有特征"都可以用来做成定位系统。

一个记忆大师大概会拥有几千个定位地点，普通人听到这个数量就会觉得不可思议。"天啊，我从哪里去找这么多的地方呢！"而我们学习了这两章就应该知道，不仅是几千个，如果需要，我们甚至可以拥有上万个定位的地点。毕竟万事万物都能帮我们来记忆嘛。

最后给大家留个小练习：

请用定位记忆法记住下边的内容：

十部古典喜剧：

（1）关汉卿《救风尘》；（2）白朴《墙头马上》；（3）王实甫《西厢记》；（4）康进之《李逵负荆》；（5）郑廷玉《看钱奴》；（6）施惠《幽闺记》；（7）康海《中山狼》；（8）高濂《玉簪记》；（9）吴炳《绿牡丹》；（10）李渔《风筝误》。

你的定位系统和联结：

（1）＿＿＿＿＿＿＿＿＿＿＿＿＿＿＿＿＿＿＿＿＿＿＿＿

（2）_____

（3）_____

（4）_____

（5）_____

（6）_____

（7）_____

（8）_____

（9）_____

（10）_____

第六节
结构记忆法

我先问大家一个问题：你能记住 3000 个物品的摆放位置吗？你肯定要说，天啊，怎么可能呢？我只是个初学者，这得用到多少个定位地点呢？别着急，假设我去你家做客，我觉得有点口渴，请你给我拿一个杯子，你能不能既准确又快速地拿到呢？如果我觉得有点无聊，请你给我拿本书，你是不是也能快速找到呢？据统计，在现代家庭中，平均每 100 平方米居然有 4500 件家居用品，这样看来，你可能远不止记住了 3000 个物品的摆放位置。也许你会说家里我熟悉啊！但如果是陌生的房间里，这就有点难度了。这两个场景的记忆结果的不同是由于我们对物品摆放结构的理解不同。我们按照不同的分区摆放物品，形成了结构，自然而然地就提高了我们的记忆。

在本章节给大家介绍两个常用的结构：

一、类比结构

所谓类比结构，就是利用记忆的内容的某些相同或相似的特征，来推导记住更多的内容。

以英语单词记忆为例，假如我们只认识 room（房间）这一个单词，通过类别的方法，我们将一些相近的单词放在一起，例如：broom（扫帚），groom（新郎），loom（织布机），bloom（盛开），gloom（忧郁）。那么，我们很容易就能通过类比的方式，记住后面的一系列单词。

二、归类结构

归类其实就是整合思维，按照一定的属性，把要记忆的内容进行整合，从而方便我们的记忆。

例如：the 的四种用法

1. 特指人 / 物，如：The girl in red is his sister.

2. 指世界上独一无二的物体，如：the sun，the moon.

3. 比较级里面的最高级，如：She is the best person for the job.

4. 指在文章里面第二次出现，如：He saw a house in the distance. Jim's parents lived in the house.

我们进行一个小的归类整理，就可以将原来的内容立刻变得好记起来！

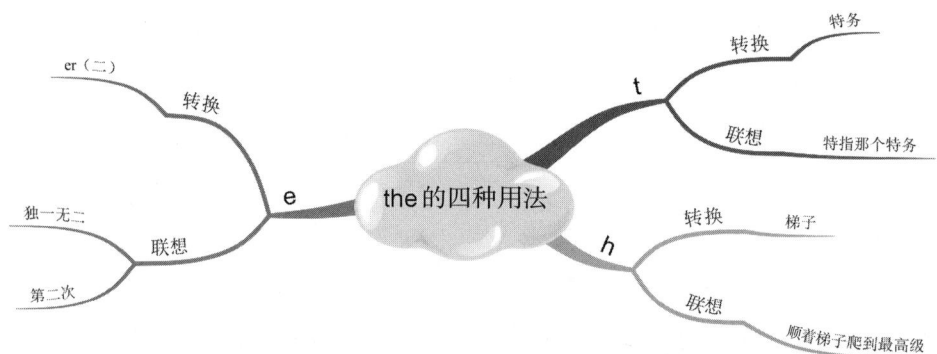

思维导图为什么可以提高我们的记忆水平，其中有一个原因就是归类结构。归类让原本杂乱无章的内容变得整洁，方便我们检索和回忆，要不然超市、家具市场为什么要按照类别摆放呢？

接下来，我们就一起做个归类的小练习吧！

请将下列内容，根据你的理解，进行归类：

怀念　汉堡　面条　太阳　鸡蛋　猫　冥王星　月亮

鸭子 《我和我的祖国》 牛肉 玫瑰 松树 《爱笑的眼睛》 难过 向日葵

星星 茉莉 奶茶 《让我们荡起双桨》 愤怒 开心 草 狗 冰激凌 鸡肉 《少年》 沮丧 西蓝花 蛋糕 柏树

我们学到的不同的记忆方法就像我们的武功秘籍，面对真实的问题时，可以一招致命，也可以来套组合拳。多练习才是决胜的王道。

第七节
记忆法的万能钥匙

如果说咱们前边学习的那些记忆方法是一个个武功招数，那么在本节里面，我们学习的就是将这些招数融会贯通的内功心法，也叫作记忆法的万能钥匙。学会运用这个公式，再结合我们的方法，你就能应对所有的记忆知识的难题。

这个万能钥匙其实就是 3 句话：

1. 化繁为简找重点

2. 想象图像造联结

3. 核对巩固多复习

为什么呢？让我们依次解析一下：

1. 化繁为简找重点

化繁为简其实就是根据我们的理解，将原来的内容从繁多的内容中简化出关键信息。化繁为简作为万能钥匙的第一点，主要有 2 个原因：

（1）模块化

美国心理学家约翰·米勒曾经对短时记忆的广度进行过比较精确的测定，结果表明：正常成年人一次的记忆广度为 7±2 项内容。这个"七"被称为"魔力之七"或"怪数七"。

但是组块可以大幅增加短时记忆的容量。所以想要记住长长的内容，先要把它切成小块。例如 11 位的电话号码，几乎没有人能一口气念下来，我们一般会拆成 3-4-4（或 3-3-5 等）三个部分，每个部分只有几个数字，这样更方便我们的记忆。

分成小块的内容之后，我们的大脑会觉得更加轻松。比如我们 1 个假期需要做 20 张卷子，你一听 20 张，大脑马上想这么多的内容，厚厚一摞，不干了！要罢工！可是当我们做了任务拆分的时候，一个假期有 60 天，20 张，3 天才做一张卷子，大脑立马觉得轻松啦！所以拆成模块化的内容后，不仅更加便于记忆，也有利于我们调动大脑的积极性，让记忆更加轻松。

（2）关键思维

当我们记忆的内容又多，又杂乱，不需要一字不差记忆的时候，我们就要学会关键思维，抓到内容的核心要点。19 世纪末 20 世纪初意大利经济学家巴莱多发现了"28 法则"。他认为，在任何一组东西中，最重要的只占其中一小部分，约 20%，其余 80% 尽管占多数，却是次要的。这个法则在我们学习、记忆的时候都是适用的。

我们先来看下边一段话：

现在，人们已经测定光速为 $3.0 \times 10^8 \text{m/s}$。

这句话中的关键部分就是：光速 $3.0 \times 10^8 \text{m/s}$。

是不是瞬间就更好记忆了呢？

再比如：

太极拳的好处：①增加身体的柔韧性。②有效地防止疲劳，同时放松心灵与身体。③有利于集中注意力。④增强身体的平衡能力与协调能力。⑤加强人体的免疫系统功能。

这段文字中的关键部分是：太极拳好、柔韧、防疲放松身心、注意力、平衡协调、免疫。

这就由原本的一大段文字，直接缩减成了6个词，让我们更加方便记住全文的内容。

那什么样的内容才是我们需要选取的关键内容呢？

其实就是文章中最具概括性和总结性，能够唤起大脑精准回忆的那些内容。

想要找准关键内容，更重要的是练习。大家不妨拿着你的课本，或者是考试的资料找找看吧。据说这个方法可是能让你提高考试成绩的关键步骤哦。

2. 想象图像造联结

当我们拿到记忆的内容，并且化繁为简之后，下一步要做的其实就是将那些关键内容转换成我们熟悉的图像，或者是和我们熟悉的地点定位系统、锁链或者是故事联结起来，让记忆更加快速。

抽象词转形象词，比如刚才找到关键内容的"太极拳的好处"：

①增加身体的柔韧性。——柔韧性

②有效地防止疲劳，同时放松心灵与身体。——防疲放身心

③有利于集中注意力。——注意力

④增强身体的平衡能力与协调能力。——平衡协调

⑤加强人体的免疫系统功能。——免疫

我们就可以将5个词转换成我们更为熟悉的图像：柔韧——瑜伽；防疲，放松身心——疲劳后躺床上；注意力——靶子；平衡协调——平衡木；免疫——红十字。

然后选择咱们学过的方法故事法：打着太极拳，做着瑜伽，觉得疲劳了就躺床上射靶子，然后去跳平衡木，摔下来去了红十字。

当然你也可以用其他的记忆方法进行联结。实用主义原则，记得住的都是好方法。

3. 核对巩固多复习

复习是我一直在强调的事情，如果你觉得记忆联结就完成了记忆的所有步骤，那你可能还差万里长征的二分之一。

这里有2个重点：

（1）记忆联结完成后，核对还原原文

当我们完成记忆联结之后，要根据原文进行核对还原。我们选取的关键内

容被进行了转化，可能用到了谐音或者其他的方法，图像和原文存在误差，我们需要通过核对，来校正我们的记忆。看到这里也许你会有疑问，这样的记忆方法需要找重点、转换成图像、构建联结，还要再核对，这么麻烦，岂不是很浪费时间？我在打破期就给大家解答过这个问题，我们需要的是长久的记忆，而不是短时记忆，当我们用这样的方法一步步进行记忆的时候，虽然看起来用的时间大于死记硬背，但是我们有了回忆的线索，即使有所遗忘看一下图就能全部想起来。这就好像叠衣服，你随便折了扔进衣柜，而我按照收纳规则，整理后一个个码好。当我们需要调取的时候，谁会更快呢？虽然前边花费了一些时间，但其实是在为长久甚至是永久的记忆打基础。而且随着我们的不断练习，找关键、出图像甚至是联结可能在我们看内容的时候就完成了，长远看起来，还是按照步骤，用方法记忆更具有"性价比"。

（2）有效复习

我们记忆核对完内容之后，不妨自己盖上本子大声（也许不一定大声，一定要发声）背一遍。再看一遍是被动复习，而开口则是主动复习，更加有效。遗忘是非常正常的，我们需要靠复习一遍遍地"叠加"，使记忆从短时变成长时。一般来说，死记硬背可能需要 50 ~ 150 次才能形成长时记忆，而用我们这种记忆法，可能只需要 7 次左右就可以形成长时记忆。

遗忘是记忆的常态，这是我们大脑节省运行消耗的保护机制，所以有效的复习才是长久记忆的王道。

第八节
汉字记忆

————

相传很久以前，黄帝派仓颉专门管理圈里牲口的数目、屯里食物的多少。仓颉做事尽力又尽心，很快熟悉了所管的牲口和食物，可慢慢地，牲口、食物的储藏在逐渐增加、变化，光凭脑袋记不住了，于是他就开始在绳子上打结，用各种不同颜色的绳子，表示各种不同的牲口、食物，用绳子打的结代表数目。

可是有一次仓颉从绳结记录中给黄帝提供了错误的信息，导致黄帝在和炎帝的边境谈判中失利。事后，仓颉觉得实在是太羞愧了，就辞官云游天下，遍访记事的好办法。他观察世间万物的形状，记下鸟兽鱼虫的印记，回到故乡后，整理得到的各种素材，创造出了代表世间万物的各种符号。他给这些符号起了个名字，就叫作字。

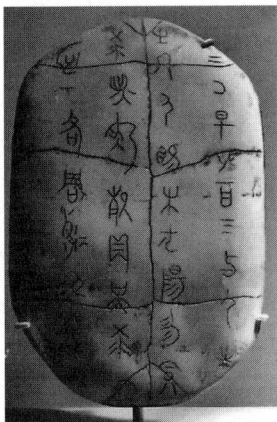

这就是我们汉字的起源，大家听完仓颉造字的故事有什么启发呢？是不是发现原来文字最早就是图像符号啊！没错，其实无独有偶，几千年前的楔形文字，也是由图形符号发展而来的。

所以我们在记忆汉字的时候，不妨转换成图像来帮助我们记忆。有一次，我一个上一年级的学生来找我哭诉，说妈妈嫌弃她笨，这么简单的字怎么总是写错。我打开课本一看，原来是"雪"这个字，确实挺简单的，但是对一年级的小朋友来说，这就是她不认识的内容啊！别着急，我们可以用记忆法的万能钥匙来记一下这个字。

第一步是化繁为简抓关键：雪—— 我们可以拆成 2 个部分，一个是"雨"字头和下边的"彐"。

第二步是想象图像造联结。雨本身就是很有图像的，而"彐"我们可以把它想成一个吃饭的叉子的头部。所以连在一起就有了一个画面，雨落在叉子上居然变成了雪花。

第三步是核对巩固多复习。让小朋友自己画画图，写写这个字。她就再也没有写错了。

汉字博大精深，比如"安"这个字，上边是"宀"，下边是"女"。在古人造字的时候，"安"字指的是"女坐室内"。在上古时代，毒蛇猛兽等人类的天敌很多，妇女的体质和体力都不如男子，在野地里不安全，只有在室内可免受侵害，得到安宁。是不是又有趣又有图像感呢？

如果我们想要记住这个字的音、形、义，那么只需要多做一些联结就可以了！

例如：骉（biāo）意思是众马奔腾的样子。

按照咱们的记忆步骤，第一步化繁为简抓关键，我们可以得出 3 个信息：字形：三个马，字音：biāo，字意：众马奔腾。

第二步想象图像造联结，我们可以联想到 3 匹马在飙车，就是万马奔腾的样子啊。大家也可以将马拟人，让 3 匹马当司机飙车。

第三步是核对巩固多复习。想象一下脑中的画面，写一下，说一下就永远不会忘记了。

又比如，我们经常会遇到的这几个字"炎，焱，燊"，怎么读呢？二火？三火？

四火？有个火锅店叫"大龙燚"，我有个朋友去了几次都叫不对名字，没办法，我只能使出杀手锏，让他一次就记住这几个字！根据我的记忆联想，你也可以在表格里画出你联想的小简图哦。

形	音	意	记忆方法	你的小简图
炎	yán	天气热极了，发炎	太阳一手一个火把，天气太热，人都发炎了	
焱	yàn	火焰	三个火把堆一起，火焰很高	
燚	yì	火燃烧的样子	我们联想到意面用四堆火（燃气灶 4 个火）煮意面，真香	

后来，我的朋友再也没叫错这个火锅店的名字。

当我们遇到了一些易错字的时候，其实也可以用记忆方法来解决。

例如：请问这两个词中哪一个是正确的呢？

A.妨碍　　B.防碍

你的答案是什么呢？正确答案是 A。妨碍的意思是干扰、阻碍，使事情不能顺利进行。你想一下谈恋爱的时候，女朋友是不是总妨碍你玩游戏呢？这个易错字一下就记住了吧？

我们再看一组：挖墙脚和挖墙角，哪个是正确的呢？

正确的是挖墙脚。墙脚也就是墙根，是墙的下段与地面接近的部分，比喻根本、根据、基本原则、事物赖以建立的基础。而墙角指的是相邻墙壁的交角。所以挖墙脚，指的是动了根基和基础的意思。讲完意思之后，我们再来看如何去记忆这个易错字呢？我们可以做一个联想，挖别人墙脚的时候砸到了自己的脚。看来这个坏事是不能干啊！

汉字的记忆方法还有很多，我就带着大家解锁新手的内容，更高阶的玩法还需要靠你自己多实践来解锁，也期待你能有更好的联结方式。

那么接下来，就快来练练手，看这些字该如何记忆吧！

犇（bēn）　羴（shān）　轟（hōng）　嚞（zhé）

第九节
百科知识记忆

————

江苏卫视有一档节目叫作《一站到底》，据说参赛的选手要记住上万道百科知识，争当现实版的智多星吴用。在我们的学习中，很多内容并不长，都是一个个的词条，就像这些百科知识一样，零零散散的，该如何去记忆呢？这一章，我们就一起来完成这个挑战！

我们先来一些简单的例子：

（1）我国最早的农书是《齐民要术》。

记忆万能钥匙：

①化繁为简找关键：最早、农书、《齐民要术》。

②想象图像造联结：最早——早上，农书——农民看书，齐民要术——一起要（算）数。

联想（故事法）：早上农民看书，一起要算数。

③核对巩固多复习：遮住上边的内容，将正确答案填写在下边的括号里。

我国（　　　）的（　　　）是《　　　》

（2）老舍的作品有：《茶馆》《骆驼祥子》《老张的哲学》《我这一辈子》《猫城记》《成渝路上》《饥荒》《偷生》《龙须沟》和《鬼曲》。

按照记忆万能钥匙：

①化繁为简找关键：这里每个书名都比较简洁了，我们可以直接用。

②想象图像造联结：我们可以选择故事法进行联结联想。

联想：老舍去《茶馆》和《骆驼祥子》一起听《老张的哲学》，他说《我这一辈子》都在《猫城（里）记（事）》，去《成渝路上》因为《饥荒》《偷生》，最后在《龙须沟》里吹《鬼曲》。

③核对巩固多复习：请默写出老舍的作品有哪些：＿＿＿＿＿＿＿＿＿＿

＿＿＿＿＿＿＿＿＿＿＿＿＿＿＿＿＿＿＿＿＿＿＿＿＿＿＿＿＿＿＿＿＿

（3）开封被誉为八朝古都，这八朝分别是：夏朝、春秋战国时期魏国、五代后梁、后晋、后汉、后周、北宋和金朝。

周老师的家乡就是开封，这是一个非常美丽、文化底蕴深厚的城市，同时作为开封的旅游宣传人，借此也让大家记一下我的家乡是哪八朝古都，也算是我的一点小私心。欢迎大家来做客。

那么我们一起按照记忆万能钥匙来开启记忆吧！

①化繁为简找关键：夏、魏、后梁、后晋、后汉、后周、北宋、金。

②想象图像造联结：我们可以选择用锁链法，形成一个有画面感的口诀。

夏魏梁晋，汉周宋金——虾尾两斤，寒舟送金。

来到开封做客，吃了虾尾两斤，坐上寒冷的小舟就有人送金子。

③核对巩固多复习：这里我们一定要再核对2个信息，第一个信息：梁、晋、汉、周前都有一个后字。第二个信息：开封是北宋的皇都。核对好这两个信息，请填写下边的内容吧！

开封是哪八个朝代的古都：_____

记完简单的内容，那么接下来我们就一起挑战记忆更高难度的内容吧！

（4）中国历史朝代

中国的历史源远流长，是世界上少有的文明古国。在中华民族五千年的历史长河中，不同的朝代更迭，涌现出了不少的民族英雄和明君。那么，都有哪些朝代呢？

夏、商、周、春秋，战国、秦、西汉、东汉、三国、西晋、东晋、南北朝、隋、唐、五代十国、辽、北宋、金、南宋、元、明、清、民国、中华人民共和国。

记忆万能钥匙：

①化繁为简找关键：将原来的内容拆成3个板块，再从每个朝代的名称中提取一个关键词。

1）夏、商、周、春秋、战、秦、汉、三、晋、南北

2）隋、唐、五、辽、北宋

3）金、宋、元、明、清、民、中

②想象图像造联结：我们可以练成一个口诀，出图。

1）瞎商周春秋，站在琴上，汗衫浸男背。

（一个瞎商人叫周春秋，站在琴上，汗衫上的水浸湿了男人的背。）

2）谁躺屋里和知了背诵？

（是谁躺在屋里和知了一起背诵呢？）

3）今送院，明星命中。

（今天送到医院的，是明星命中有此一劫。）

③核对巩固多复习：先记住口诀，然后根据口诀来核对出对应的朝代。

1）瞎　商　周　春秋　站在　琴上　汗　　衫　浸　　　男背

　　夏　商　周　春秋　战　秦　两汉　三（西东）晋　南北朝

2）谁　躺　屋里和　　　知了　背诵

　　隋　唐　五（代十国）辽　　北宋

3）今　送　院　明　星　命　中

　　金　宋　元　明　清　民　中

温馨提示：先背口诀，口诀熟悉以后，对照着朝代排序。熟悉后，脑中想着口诀和画面，报出对应的省份，这才是高效复习的方法哦。

那么接下来，请默写中国的朝代吧：＿＿＿＿＿＿＿＿＿＿＿＿＿＿＿

（5）《南京条约》

①宣布结束战争。两国关系由战争状态，进入和平状态。

②五口通商。清朝政府开放广州、福州、厦门、宁波、上海五处为通商口岸，准许英国派驻领事，准许英商及其家属自由居住。

③赔款。清政府向英国赔款 2100 万银元，其中 600 万元赔偿被焚鸦片，1200 万元赔偿英国军费，300 万元偿还商人债务。其款分 4 年交纳清楚，倘未能按期交足，则酌定每年百元应加利息 5 元。

④割地。清朝政府将香港岛割让给英国。

⑤另订关税则例。清朝政府将以公平的原则颁布一部新的关税则例，以便英商按例交纳。

这么长的内容我们该如何去记忆呢？别着急，依然是用咱们记忆的万能钥匙开启吧！

第一步：化繁为简找关键：遇到这样长篇的内容时，我们只需要在原文上划出关键内容就可以了！

第二步：想象图像造联结：这里我们选择的是定位法，《南京条约》共 5 条，第一条结束战争，我们都知道一段战争结束后，战胜的一方才能逼迫战败的一方签赔偿条约，所以在这里可以省略不计。我们可以运用题目《南京条约》4 个字来做我们的定位系统，记住剩下的这 4 个条约。条约在记忆的过程中，可以打乱顺序，我们可以根据《南京条约》几个字的特征来协助我们记忆。

南——割地，香港岛。

联想：割走了我们国家的香港岛

京——赔偿，2100万银元。

联想：京谐音成金子，赔了2100万银元。

条——五口通商。广州、福州、厦门、宁波、上海。

联想：五条通商口，上，夏，广，福，宁。可以想成，上下广都祝福您。

约——关税。

联想：约定关税。

第三步：核对巩固多复习：当我们把核心内容记忆下来的时候，剩下的内容大家可以靠理解进行补充。我们答题的时候，大部分是看核心内容是否正确来得分的。当然，你也可以多增加一些关键内容，运用我们的方法增加联结，让记忆的内容更多。

核对的时候别忘了我们省略记忆的第一条：战争结束哦！

还是老规矩，来做个练习：

请问《南京条约》都有哪些条款呢？写出你的答案吧！

讲了这么多文科的百科知识，难道理科的不能记忆吗？当然可以！

例如一道生物内容：

哺乳动物的八大特征：头脑发达、用肺呼吸、牙齿出现分化、心脏有四腔、体腔内有隔、体温恒定、胎生与哺乳、体表被毛。

依然是用我们的记忆万能钥匙来开启记忆。

第一步：化繁为简找关键：这道题的内容相对来说很容易理解，我们就直接拿来用就好了。

第二步：想象图像造联结：用一只小兔子作为定位系统来记忆。8个特征，我们就在小兔子身上找8个定位地点。

①头——头脑发达

联想：兔子头脑发达。

②鼻子——用肺呼吸

联想：鼻子呼吸的时候长出了肺。

③牙——牙齿出现分化

联想：兔子的门牙出现分化。

④胸——心脏有四腔

联想：四腔虽然有画面感，但是容易忘记，在这里我联想的是有四把手枪。胸口的心脏里有四把手枪。

⑤身体——体腔内有隔

联想：隔，在这里我们想成格子，身体里有很多格子。

⑥脚——体温恒定

联想：体温恒定联想成体温计，脚踩着了体温计。

⑦屁股——胎生与哺乳

联想：从屁股处生出了小兔子，哺乳它。这里可以直接想象生育的场景加强记忆。

⑧背部——体表被毛

联想：背部长了很多的毛。

第三步：核对巩固多复习：大家可以脑子里想象着兔子的画面，然后依次报出哺乳动物的8大特征。复习完后，请填写下边的内容。

请问，哺乳动物的八大特征是？

_____

_____

_____

在本节里，我们记忆了许多百科知识。相信通过学习，你一定对这种方法有所掌握，那么就请大家多做练习，学以致用！

课后练习：

请用万能钥匙记忆以下内容：

①景泰蓝是中国北京的著名手工艺品。

②细胞是构成生命的基本单位。

③世界上最大、最完整的古代木结构建筑群是故宫。

④中国航天事业的奠基人是钱学森。

⑤中国太空第一人是杨利伟。

⑥世界上拥有热带雨林面积最大的国家是巴西。

⑦东盟十国有：柬埔寨、缅甸、老挝、越南、文莱、泰国、新加坡、菲律宾、马来西亚、印度尼西亚。

⑧高尔基的作品有《童年》《在人间》《我的大学》《母亲》《海燕》。

第十节
古诗词记忆

————

有一次我去苏州出差，正好碰到苏州的初雪，公园里的红色亭子的琉璃瓦上有薄薄一层积雪，旁边的绕园小河上停了一只小木船，我脑子里一下就想到《绝句》这首诗："两个黄鹂鸣翠柳，一行白鹭上青天。窗含西岭千秋雪，门泊东吴万里船。"其实古诗就是诗人对自己的所见所感的记录，本身就充满了画面感。本章节，我们就一起来学习如何记忆古诗。

我们就以王维的《送元二使安西》为例，来看看古诗记忆步骤是什么样的吧！

送元二使安西

［唐］王维

渭城朝雨浥轻尘，客舍青青柳色新。

劝君更尽一杯酒，西出阳关无故人。

第一步：诵读

首先我们先要把古诗读 2 遍，第一遍解决不认识的字词问题，第二遍熟悉一下语感。

第二步：理解

这里，我们就可以看着译文，去理解一下作者所描绘的意境，或者想表达的思想。

译文：清晨的微雨湿润了渭城地面的灰尘，青堂瓦舍中柳树的枝叶翠嫩一新。真诚地奉劝我的朋友再干一杯美酒吧，向西出了阳关就难以遇到故旧亲人了。

第三步：画图

在明确了诗词的结构和框架后，按照诗词的段落、顺序构思绘制的顺序，将易错易忘的内容转换成图像，就可以开始画草稿图了。这里有一个重点，并不需要每个字都转换成图像，尽可能地让这些图都在一个场景中，按照顺序排列，才更有利于我们记忆！

接下来，我们就一句一句地绘制草稿图。

整体联想：围城里面下着朝雨，衣服上吹着灰尘，客舍旁边有青青的柳树，柳树上面有红色的心，劝君再喝一杯酒，西边出有羊的关卡，没有故人……

第一句：渭城朝雨浥轻尘

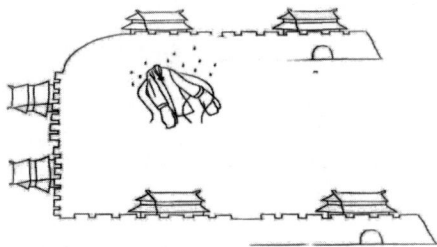

渭城是地名，现址是咸阳市的一个区。我们在联想的时候，不知道渭城有什么特别之处就很容易忘记，所以这里转换成了围城。浥，是润湿的意思，表现起来容易忘记，所以就谐音成了衣。轻尘，想到了轻纱。

第二句：客舍青青柳色新

客舍就是古代的旅店，客栈。青青柳色，可以联想到柳树是绿色的。新，不太容易出图，又怕忘记，可以想成爱心的形状，画在柳树上边。

第三句：劝君更尽一杯酒

这一句非常形象，王维举着酒杯劝自己的朋友喝了这杯酒。

第四句：西出阳关无故人

阳关，这里用一只山羊代替，无故人，路牌上写着"×故人"。这一句可以跟上一句连起来联想，喝完酒往西边走，看到山羊就没有了故人。

这张图连起来如下：

第四步：根据诗句、添加细节涂色

我们可以根据绘图还原一下诗句，如果有遗忘的地方，可以再补充一些细节来帮助记忆，同时涂上颜色，让图像更具冲击力，帮助记忆。

第五步：核对巩固多复习

看图背出诗词，然后不看图背诵诗词。对照诗词原文，还原并着重记忆转换词的原本文字，然后默写出来。

请默写王维的《送元二使安西》：

_____

_____

_____

遇到内容较多的古诗的时候，我们也可以用古诗记忆的步骤完成记忆。

例如：

游 子 吟

[唐] 孟郊

慈母手中线，游子身上衣。

临行密密缝，意恐迟迟归。

谁言寸草心，报得三春晖。

译文：慈母用手中的针线，为远行的儿子赶制身上的衣衫。临行前一针针密密地缝缀，怕的是儿子回来得晚，衣服破损。有谁敢说，子女像小草那样微弱的孝心，能够报答得了像春晖普泽的慈母恩情呢？

根据古诗记忆的步骤，我们可以画出这样的一幅图。

联想：

慈母手中线：慈祥母亲手中拿着线。

游子身上衣：是游子身上的衣服。

临行密密缝：在有星星的衣服上密密缝着。

意恐迟迟归：害怕迟到的乌龟。

谁言寸草心：谁说寸草和心？

报得三春晖：抱着三枝花（春联想为花朵）回来。

大家可以看着联想，对着图片进行核对巩固，帮助自己记得更准、更牢、更快。

但是，当我们的记忆内容更长的时候，用绘图的方法，图像太多反而容易混淆，该怎么办呢？这个时候，我们就需要用定位系统，帮助我们把内容固定放好，顺序不乱地记忆下来。

例如：

卖　炭　翁

［唐］白居易

卖炭翁，伐薪烧炭南山中。

满面尘灰烟火色，两鬓苍苍十指黑。

卖炭得钱何所营？身上衣裳口中食。

可怜身上衣正单，心忧炭贱愿天寒。

夜来城外一尺雪，晓驾炭车辗冰辙。

牛困人饥日已高，市南门外泥中歇。

翩翩两骑来是谁？黄衣使者白衫儿。

手把文书口称敕，回车叱牛牵向北。

一车炭，千余斤，宫使驱将惜不得。

半匹红绡一丈绫，系向牛头充炭直。

无论拿到多长的古诗，我们的第一步永远是通读全诗，解决字词的读音问题。

第二步就可以运用我们的记忆万能钥匙，帮助我们快速准确地记住它。

①化繁为简找重点：我们观察后发现，全文共 10 句话，我们就一句句记忆就好了。

②想象图像造联结：10 句话，我们就用数字编码 01～10 来做定位系统，然后按照两句出一图的方式进行联想，就可以记住了！

01　卖炭翁，伐薪烧炭南山中。

02　满面尘灰烟火色，两鬓苍苍十指黑。

01——小树

联想：小树旁，卖炭翁砍伐柴火烧成炭，在蓝色的山中。

02——铃儿

联想：铃儿摇晃起来，卖炭翁满面尘灰两鬓苍白，身后是烟火的颜色。

03 卖炭得钱何所营？身上衣裳口中食。

04 可怜身上衣正单，心忧炭贱愿天寒。

03——三脚凳

联想：三脚凳上放满了炭，这是要用来卖钱的（卖炭得钱），河流旁边有个带锁的营地（何所营），卖炭翁身上的衣裳口中的食物。

04——轿车，在这里轿车有点突兀，为了符合意境，所以用的是拖车。

联想：卖炭翁站在拖车上，担心炭上的剑，希望天气再冷一点。

05 夜来城外一尺雪，晓驾炭车辗冰辙。

06 牛困人饥日已高，市南门外泥中歇。

05——手套

联想：卖炭翁戴着手套感叹，夜来城外一尺雪，小心翼翼驾着炭车碾冰辙往城里赶。

06——手枪

联想：卖炭翁拿出手枪时，牛困了，人饿了，太阳也升高了，来到城外的南门外，在泥泞中休息。

07　翩翩两骑来是谁？黄衣使者白衫儿。

08　手把文书口称敕，回车叱牛牵向北。

07——锄头

联想：卖炭翁拿着锄头，这时来了两双翩翩起舞的蝴蝶和鸡，来的骑马的人穿着黄外套、白衬衫。

08——溜冰鞋

联想：使者穿着溜冰鞋拿着文书口中斥责，让卖炭翁回到车前呵斥牛，牵着它往北走。

09　一车炭，千余斤，宫使驱将惜不得。

10 半匹红绡一丈绫，系向牛头充炭直。

09——电话

联想：电话在炭车上响了起来。一车炭有千余重，宫使驱赶，卖炭翁可惜不得。

10——棒球

联想：黄衣使者拿着棒球赶牛，把半匹红绡系在牛头上，给了点炭纸。

最后一步，就是看着这些图进行核对复习了！大家可以先看图背诵原文，然后想象着图，用数字编码来回忆文章的内容。多尝试几次，就能把这首诗背下来了。

请默写《卖炭翁》

_____

_____

_____

_____

_____

古诗词记忆的重点是，尽可能地把内容融合在一个场景里，这样记忆的时候，就是一整张画面徐徐展开，而不是零散的内容，没有了回忆的线索。

在本次的练习里，我给大家准备了一些新的尝试，请根据下边的古诗内容，看着这些线稿，给图片上色吧！

乡村四月

［宋］翁卷

绿遍山原白满川，子规声里雨如烟。

乡村四月闲人少，才了蚕桑又插田。

译文：山坡田野间草木茂盛，稻田里的水色与天光相辉映。天空中烟雨蒙蒙，杜鹃声声啼叫，大地一片欣欣向荣的景象。四月到了，没有人闲着，刚刚结束了蚕桑的事又要插秧了。

墨　梅

［元］王冕

吾家洗砚池头树，个个花开淡墨痕。

不要人夸好颜色，只流清气满乾坤。

译文：我家洗砚池边有一棵梅树，朵朵开放的梅花都显出淡淡的墨痕。不需要别人夸它的颜色好看，只需要梅花的清香之气弥漫在天地之间。

第十一节
文言文记忆

———————

上节咱们讲了古诗文的记忆方法，那么比它更有难度的文言文该如何记忆呢？其实万变不离其宗，方法运用得当也一样能记下来。

例如：

陋 室 铭
[唐] 刘禹锡

山不在高，有仙则名。水不在深，有龙则灵。斯是陋室，惟吾德馨。苔痕上阶绿，草色入帘青。谈笑有鸿儒，往来无白丁。可以调素琴，阅金经。无丝竹之乱耳，无案牍之劳形。南阳诸葛庐，西蜀子云亭。孔子云：何陋之有？

第一步，诵读全文。跟古诗词的方法一样，我们在记忆文言文的时候，第一遍解决不认识的字词问题，第二遍熟悉一下语感。

第二步，理解全文。

译文：山不在于高，有了神仙就出名。水不在于深，有了龙就显得有了灵气。这是简陋的房子，只是我（住屋的人）品德好（就感觉不到简陋了）。长到台阶上的苔痕颜色碧绿；草色青葱，映入帘中。到这里谈笑的都是知识渊博的大学者，交往的没有知识浅薄的人，平时可以弹奏清雅的古琴，阅读泥金书写的佛经。没有奏乐的声音扰乱双耳，没有官府的公文使身体劳累。南阳有诸葛亮的草庐，西蜀有扬子云的亭子。孔子说："这有什么简陋呢？"

第三步，运用记忆万能钥匙记忆全文。

①化繁为简找重点：全文我们可以按每个句号为拆分点，将文章拆成9个部分。

②想象图像造联结：已知全文有9个部分，我们可以选用定位法来记忆文章内容。

这里我选用的是人物定位法

1）爷爷；2）奶奶；3）爸爸；4）妈妈；5）哥哥；6）姐姐；7）弟弟；

8）妹妹；9）舅舅（根据9的发音联想）。

然后运用故事法构建联结

第一句：山不在高，有仙则名。

联想：爷爷爬山，山不高，因为有神仙特别有名。

第二句：水不在深，有龙则灵。

联想：奶奶下水游泳，水不深，有龙王特别灵验。

第三句：斯是陋室，惟吾德馨。

联想：爸爸撕开漏室，发现里边有颗威武的心。

第四句：苔痕上阶绿，草色入帘青。

联想：妈妈打扫台阶上的青苔，院子里草的绿色都印到了窗帘上。

第五句：谈笑有鸿儒，往来无白丁。

联想：跟哥哥谈笑的都是有学问的人，往来的人没有白色的钉子。

第六句：可以调素琴，阅金经。

联想：姐姐平时喜欢调素琴，看《金刚经》。

第七句：无丝竹之乱耳，无案牍之劳形。

联想：弟弟有五个丝竹扰乱耳朵，趴在案板上看老邢(《武林外传》里的人物)。

第八句：南阳诸葛庐，西蜀子云亭。

联想：妹妹去参观南阳的诸葛庐，抱着西瓜、薯片在紫云亭里休息。

第九句：孔子云：何陋之有？

联想：舅舅看着孔子说，河里漏油吗？

③核对巩固多复习：在核对的时候，我们可以在脑子里想象着画面背诵原文，然后查漏补缺着重看一下错误的地方，然后再多背几遍。复习得多了，我们脑子里可能人物形象模糊了，但是原文内容却越来越清晰。这就是复习的好处！

B 站上有一个同学用游戏"我的世界"按照陶渊明的《桃花源记》建造了一个游戏版的世外桃源，还录成了背诵视频，点赞数高达数百万。大家都说："如果小时候有这种方法，课文一定能背下来了！"其实这不就是咱们的记忆方法吗？将内容转换成图像做联结，然后通过游戏的方式走线路、多复习。方法是万变不离其宗的，即使是遇到更难的文言文，我们也可以运用记忆万能公式来记忆。

小练习：

爱　莲　说

［宋］周敦颐

　　水陆草木之花，可爱者甚蕃。晋陶渊明独爱菊。自李唐来，世人甚爱牡丹。予独爱莲之出淤泥而不染，濯清涟而不妖，中通外直，不蔓不枝，香远益清，亭亭净植，可远观而不可亵玩焉。

　　予谓菊，花之隐逸者也；牡丹，花之富贵者也；莲，花之君子者也。噫！菊之爱，陶后鲜有闻。莲之爱，同予者何人？牡丹之爱，宜乎众矣！

　　译文：水上、陆地上各种草本木本的花，值得喜爱的非常多。晋代的陶渊明唯独喜爱菊花。从李氏唐朝以来，世人大多喜爱牡丹。我唯独喜爱莲花从积存的淤泥中长出却不被污染，经过清水的洗涤却不显得妖艳。(它的茎)中间贯通，外形挺直，不生蔓，也不长枝。香气传播越远越清香，笔直洁净地竖立在水中。(人们)可以远远地观赏(莲)，而不可轻易地玩弄它啊。我认为菊花，是花中的隐士；牡丹，是花中的富贵者；莲花，是花中的君子。唉！对于菊花的喜爱，在陶渊明以后很少听到了。对于莲花的喜爱，和我一样的还有谁？（对于）牡丹的喜爱，人数当然就很多了！

　　你会用什么方法来记忆呢？请按照记忆的万能钥匙法一步步进行解析吧！

①化繁为简找重点

_____

②想象图像造联结

请把你的联结想象画出来吧！

③核对巩固多复习

请根据记忆，在下边的括号中填写正确的内容。

爱莲说

［宋］周敦颐

（　　　　），可爱者甚蕃。晋陶渊明独爱菊。自李唐来，（　　　　）。予独爱莲之（　　　　），（　　　　），（　　　　），（　　　　），（　　　　），（　　　　），可远观而不可亵玩焉。

予谓菊，（　　　　）；牡丹，（　　　　）；莲，（　　　　）。噫！菊之爱，陶后鲜有闻。莲之爱，同予者何人？牡丹之爱，宜乎众矣！

第十二节
文章记忆

———

我们学习了古诗和文言文的记忆方法之后，有朋友就会问，现在我们学的也有很多是现代汉语的文章，这又该怎么记忆呢？本章节，我们就一起看看该如何去记。

例如：

匆匆（节选）

朱自清

燕子去了，有再来的时候；杨柳枯了，有再青的时候；桃花谢了，有再开的时候。但是，聪明的，你告诉我，我们的日子为什么一去不复返呢？——是有人偷了他们罢：那是谁？又藏在何处呢？是他们自己逃走了罢：现在又到了哪里呢？

第一步，诵读全文，解决字音问题，增加语感。

第二步，理解。现代文大多是便于我们理解的，所以在读的时候我们也可以直接理解原文。

第三步，用记忆万能钥匙法记忆。

①化繁为简找重点：我们可以直接在文章上划出分段和重点内容。

燕子去了，有再来的时候；/ 杨柳枯了，有再青的时候；/ 桃花谢了，有再开的时候。但是，聪明的，你告诉我，/ 我们的日子为什么一去不复返呢？/ ——是有人偷了他们罢：那是谁？又藏在何处呢？/ 是他们自己逃走了罢：现在又到了哪里呢？

全文总共划分了 7 个部分。

②想象图像造联结：现代文相比古文来说更朗朗上口，所以我们只需要将关键内容进行联结就可以很快把原文背下来。这里我选择的是定桩法，选用了一张课本的插图，按照顺序选择出 7 个位置。

1）燕子　　2）杨柳　　3）桃花　　4）灯泡

5）钟表　　6）书　　7）人物

接下来就是构建联结：

1）燕子——去了又来

2）杨柳——枯了又青了

3）桃花——谢了又开

4）灯泡——灯泡很聪明，告诉我

5）钟表——时间一日日地过，一去不复返

6）书——有人偷了，谁藏在何处

7）人物——人自己逃走了，到哪里了

③核对巩固多复习：想象着画面，核对原文，就可以轻松背诵了。

当然不仅是文章可以用这种方法，历史、政治长篇知识都可以用这种方法来记忆。学方法重要的不是招数，而是抓住核心内容。

小练习：

认识你真好（节选）

徐志摩

一个人真正的魅力，不是你给对方留下了美好的第一印象；而是对方认识你多年后，仍喜欢和你在一起。

也不是你瞬间吸引了对方的目光；而是对方熟悉你以后，依然欣赏你。

更不是初次见面后，就有相见恨晚的感觉；而是历尽沧桑后，由衷倾诉说：认识你真好！

第十三节
英语单词记忆万能方法

我上高中的时候，最讨厌背英语单词，背着后边的忘着前边的，时间长了丧失了学习英语的信心。那时候英语老师总告诉我们说，同学们坚持住！到了大学就不用背了！可是，我好不容易上了大学，每到快四六级考试的时候，小树林里、教室里总会响起"abandon、abandon、抛弃 、抛弃"。真是问君能有几多愁，恰似几百单词背不熟。

很多朋友在背单词的时候，要不然就是死记硬背"s-h-e-e-p, sheep, 羊"，要不然就用自然拼读或者音标记忆。这些记忆方式都存在一个问题。不知道你遇到过这样的情况没有，老师在默写单词的时候，说"羊"，你绞尽脑汁都想不起来到底怎么拼写，只好说，麻烦老师你读一下吧，读一下我就会了。那这种记忆，就并不是牢靠准确的。

其实用好方法，英语单词一样非常的好记。今天就教大家一个非常好用的万能方法——四化建设。

一、模块化

记忆的万能钥匙法里的第一步——化繁为简的道理在任何时候都是适用的。我们对超过 7 个模块的内容的短时记忆能力会直线下降，如果将内容控制在 7±2 个模块，我们的记忆力就会是最佳的。例如一个单词 11 个字母，我们如果划分成 4 个，或者 3 个模块，每个模块只有 3 或者 4 个字母，是不是你一眼就能记住了呢？

模块化有一个非常重要的技巧，那就是先从单词里找到我们认识的熟悉的单词，或者是这些能用拼音拼出来的字母，然后再将其他的字母进行拆分，最后将所有的内容和单词的含义进行联想，从而记住所有的字母拼写和单词含义！

英语单词的构成中有很多单词 + 单词的组合，我们只需要将单词模块化，找到那些对应的单词，加点联想很容易就能记住了！

例如：football（足球，橄榄球）

模块化之后，其实就是 2 个单词：foot（脚）+ ball（球）。

然后联想一下：用脚踢的球就是足球了！

toothbrush（牙刷）

模块化后，也是两个我们熟悉的单词：tooth（牙齿）+brush（刷子）。

联想：给牙齿用的刷子，就是牙刷了！

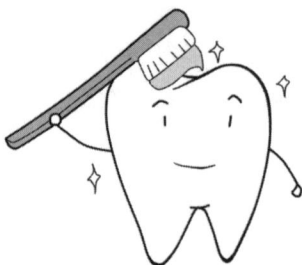

railway（铁路）

我们可以找到两个熟悉的单词：rail（轨道）+way（路）。

联想：用轨道做成的路是铁路。

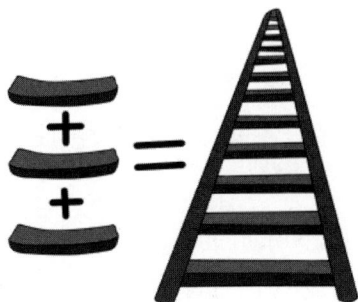

pure（纯净的，纯洁的）

这里并没有我们熟悉的单词，但是我们可以找到一些拼音，模块化后就有了：

pu（扑）+re（热）——想到了热火。

联想：纯净的水扑到了热火里。

bandage（绷带，包带）

根据拼音进行模块化，我们得到了3个部分：ban（绊）+da（大）+ge（哥）。

联想：绊倒大哥给他打上绷带。

当然也有很多单词模块化后并不是都像例子一样正好是几个我们熟悉的单词，或者能用拼音拼出来，又该怎么办呢？那么我们可以将字母转成图像，来帮助我们记忆。

二、图像化

我们将一个单词模块化之后，首先选出了熟悉的单词，或者找出了可以用拼音拼出来的部分，剩下来的部分可以将字母转换成图像来进行联想记忆。

例如：mall（购物商场）

我们先选出可以用拼音拼出的"ma"，剩下来的"ll"就可以转换成图像，这里根据形状，我们可以想成梯子：ma（妈妈）+ll（梯子）。

联想：妈妈带着梯子去购物商场。

beef（牛肉）

这个单词里有我们认识的单词bee(蜜蜂)，剩下来的"f"就可以转换成图像。f就像一个斧头，所以转换后是：bee（蜜蜂）+f（斧头）。

联想：蜜蜂拿着斧头砍牛肉。

Spain（西班牙）

这个单词里我们能用拼音拼出的部分是"pai"，我们可以想成"（苹果）派"，"s"和"n"都可以转换成图像，s的形状像一条蛇，n的形状像一个门：S（蛇）+

pai（派）+n（门）。

联想：蛇把（苹果）派送到西班牙的门口。

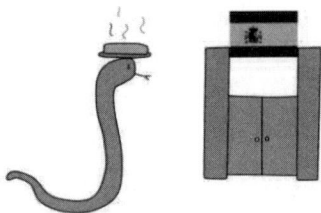

为了方便我们的记忆，我们可以将 26 个英文字母转成形象词（见附录二），帮助我们更高效地学习。

但是如果说，熟悉的单词和能用拼音的字母都找出来后，剩下的字母也比较多，我们难道要把一个一个字母都转成图像吗？这样记忆的难度不就更大了吗？英语单词都是 26 个字母的组合，其中有一些组合是非常常见的，我们只需要给它们赋予一定意义就可以了！

三、意义化

意义化的常用方法有谐音法，比如 tion 根据发音可以想到"神"，tr 是我们熟悉的单词"tree"的字母开头，所以可以想成"树"。我们也可以根据拼音的首字母组合的方式来进行转化，例如 ly ——旅游。这里的转换本质依然是要具体形象，然后将内容和单词含义进行联想记忆。

例如：catch（捉住）

我们可以先选出这个单词里熟悉的单词 cat（猫）。ch 并不是单词，所以我们可以赋予它一定的含义，这里我选的是拼音首字母的方式，想到了彩虹：cat（猫）+ch（彩虹）。

联想：猫捉住了彩虹。

exhibition（展览）

首先观察有没有我们熟悉的单词？对了，hi（嗨）。然后看有没有能用拼音拼出来的？有的，bi（笔）。剩下的 ex 我们可以想到一休，tion 联想为神：ex（一休）+hi（嗨）+bi（笔）+tion（神）。

联想：一休在展览会上对笔神说嗨。

jasmine（茉莉）

这个单词里有我们认识的单词 mine（我的），j 可以想成钩子，as 用拼音首字母法，记为爱上：j（钩子）+as（爱上）+mine（我的）。

联想：钩子爱上我的茉莉。

详细的字母组合编码可查看附录三。

四、故事化

当我们模块化、图像化、意义化之后，别忘了要把所有拆分的内容和单词的本身含义用故事记忆法的方式联系起来，这样才能真正持久不忘记。

例如：cheetah（猎豹）

模块＋图像＋意义拆分：che（车）+et（儿童）+ah（爱好）。

联想：坐在车上的儿童爱好猎豹。

例句：The cheetah is well-known as the fastest animal on earth.（猎豹作为地球上跑得最快的动物而闻名。）

hunter（狩猎者，猎人）

模块＋图像＋意义拆分：hun（昏）+ter（天鹅肉）。

联想：猎人饿昏了吃点天鹅肉。

fascinating（迷人的）

模块＋图像＋意义拆分：fas（发烧）+ci（刺猬）+na（那）+ting（停）。

联想：发烧的刺猬在那停下等迷人的刺猬。

在记忆完单词的正确拼写后，大家可以根据自然拼读法的方式来正确发音。方法是死的，而人是活的，我们需要运用多种方式、方法来解决我们所面临的问题或者是挑战。只有不断地训练，才能真正地掌握方法。

本节练习：

将下列单词拆分联想并画出图像

relative（亲属，亲戚）

拆分＿＿＿＿＿＿＿＿＿＿

联想＿＿＿＿＿＿＿＿＿＿

画一画

goddess（女神）

拆分＿＿＿＿＿＿＿＿＿＿

联想＿＿＿＿＿＿＿＿＿＿

画一画

garden（花园，菜园）

拆分_____

联想_____

画一画

pioneer（先锋，先驱）

拆分_____

联想_____

画一画

educate（教育）

拆分_____

联想_____

画一画

第十四节
词根词缀记忆法

词根词缀记忆法也是我们在英语学习里经常使用到的一种方法，当我们有一定词汇量之后，我们就可以开始进行这种方法的学习，它可以让我们快速将单词量扩充到 3000 个，甚至是更多。

词根词缀就像我们汉字里的偏旁部首，例如我们看到"雪"这个字，就知道它和雨有一定的关系，看到"桃、柳、杨"，就知道和木头有关。通过对词根词缀的记忆，我们就可以推导出单词的含义了。

例如：retell（复述）

这里 re 是一个前缀，含义是"重复"；tell 的含义是"说"。我们就可以推导出这个单词的含义：重复说就是复述。

experience（经验，经历，体验）

前缀 ex（向外）+ 词根 peri（尝试）+ 后缀 ence（名词后缀）。

推导：去外面尝试的经历就是经验。

inspect（检查）

前缀 in（向内）+ 词根 spect（看）。

推导：向内看就是检查。

prospect（展望）

前缀 pro（向前）+ 词根 spect（看）。

推导：向前看就是展望。

虽然单词数量庞大，但是常见的词根只有三百多个，而常见的前缀、后缀则各有一百多个。在附录四中，我们将把一些常用的词根词缀总结出来，方便大家学习。

如果你觉得词根词缀太多有点难记的时候，不妨参考一下我们讲的英语单词记忆的万能方法，将词根词缀用我们的方法记下来，然后再用词根词缀来扩展自己的单词积累。学习方法，需要学会构建知识模型，服务于本质，才能真正地学会学习。

本节练习：

popcorn（爆米花）

_____

_____

attempt（企图，试图）

_____

_____

autograph（亲笔签名，签名）

_____

_____

第十五节
词组记忆

————

英语中有许多的词组，它们常常仅有介词的差异，但代表不同的意思。其实我们运用联想的方法就很容易将它们辨别并记住了！

例如：all at once（突然，同时）

all（所有）+at（在）+once（一旦，曾经）。

联想：所有曾经的诺言，突然同时都破掉了。

all about（到处，各处）

all（所有）+about（关于）。

联想：所有关于你的八卦，到处都是。

all over（遍及，到处）

all（所有）+over（在……上方）。

联想：所有在桌上方的颜料都倒地上了，弄得到处都是。

all right（好）

all（所有）+right（正确）。

联想：所有都做正确了，太好了！

all round（处处，整个）

all（所有）+round（圆的）。

联想：所有圆的都是一整个的，处处没有缺口。

all the time（一直，始终）

all（所有）+the（定冠词）+time（时间）。

联想：我所有的时间，一直都是工作。

那么接下来，就让我们看看能不能用上面这些词组正确填写这些句子：

（1）My sister and I used to quarrel（　　　　）.

（2）He's an（　　　）kind of guy really.

（3）Tell me（　　　）it.

（4）She looked（　　　）the room.

（5）The books were piled up（　　　）the floor.

答案是：1. all the time　2. all right　3. all about　4. all round　5. all over

本节练习：

用联想方法记下列词组，并完成课后填空。

hang about（闲逛，耽搁，延误，迫近）

_____

hang out（晾晒，闲逛，逗留）

_____

hang on（坚持下去，等一会儿，稍等）

_____

hang up（挂上，挂住，使等候，将电话筒挂上）

_____

hang over（挂在……之上，悬浮在……之上，威胁，即将降临）

_____

课后填空：

（1）（　　　　　）the flag, the victory is ours.

（2）A great danger will（　　　）him.

（3）It's no use. Let's（　　　）and try for a better line.

（4）Don't（　　　）, we might be late.

（5）My mother encouraged me to（　　　）.

第十六节
其他语言记忆延展

_____

　　记英文单词的方法，同样也适用于其他语言。使用我们的四化建设方法，可以轻松记忆各国语言！

例如德语的字母表，除了26个标准拉丁字母外，另有3个带变音符（Umlaut）的元音 Ä/ä、Ö/ö、Ü/ü 以及一个特殊字母 ß/ß。

我们就可以把这4个特殊的字母转换成图像：Ä/ä——我们可以想成闪着灯的爱心（爱心灯）；Ö/ö——通过形状联想到钻石大戒指；Ü/ü——根据拼音的发音，联想到小鱼。

接下来我们就一起挑战记几个德语单词：

（1）春天 der Frühling

观察一下，这里没有我们认识熟悉的单词，那我们就要从中间找到可以用拼音拼写出的内容 ling（铃），剩下的用图像化和意义化进行拆分，der 联想成德（de）国人（r） Frü（腐乳），h（椅子），最后和单词的意思春天进行联结：der（德国人）+Frü（腐乳）+h（椅子）。

联想：德国人在春天里吃腐乳做成的椅子。

（2）夏天 der Sommer

这个单词里，sommer 跟英文中的 summer 很像，我们就可以对比记忆。der 依然是联想到德国人：der（德国人）+sommer（夏天）。

联想：德国人在夏天都用圆桶（o）代替水杯（u）。

（3）秋天 der Herbst

在前边的记忆里，我们会发现 der 是德语季节里的固定用法，所以重点就放到了 Herbst，her 是她的，bst 拼音首字母组合联想到白砂糖：der（德国人）+Her（她的）+bst（白砂糖）。

联想：德国人把她的白砂糖撒在秋天。

（4）冬天 der Winter

Winter 跟英文单词里的是一样的，实用主义原则，我们可以直接联想：der（德国人）+Weinter（冬天）。

联想：德国人的冬天跟别处的一样！

在这里要温馨提示大家，每个国家的发音都不太一样，咱们的方法只能解决拼写和意思的正确记忆，想要有一口流利的发音，那一定要多开口多练习，哪一种方法都不是万能药，不能解决所有的病痛，只有综合使用才是王道！

本节练习：

请用联想的方法挑战记忆日语的 5 个平假名个。

あ　い　う　え　お

第十七节
数字数据信息记忆

———————

　　因为手机的普遍使用，当代人需要记忆的东西好像越来越少了。有个朋友就分享了一个自己的尴尬事，有一次手机突然没电了，又要抓紧时间联系自己老婆，好不容易鼓起勇气找路人借了一下电话，要按键的时候居然愣住了！他居然忘了老婆的电话号码。好多朋友都表示他不是个例，因为号码都存在手机里，自己已经不记这些信息了。工具的使用，让我们的大脑不用记忆繁杂的信息，但是这不代表我们真的可以什么都不记，有一个好的记忆脑，也是为了应对可能发生的意外情况。

　　在我们的日常学习中时常会遇到一些含有数字的内容，那这样的信息该如何记忆呢？我们依然可以运用我们的记忆万能钥匙来记忆这样的信息。

　　例如：

　　（1）珠穆朗玛峰高约 8848 米。

　　首先化繁为简找重点：珠穆朗玛峰和 8848 米。然后想象图像造联结：珠穆朗玛峰太高了，喊爸爸试吧（8848）。核对巩固复习一下，就完成了记忆。

　　（2）1857 年印度民族大起义。

　　1857 我们可以利用谐音转换成图像"一把武器"，联想印度民族起义的时候只用了一把武器。最后记得原核对复习一下。

　　（3）1833 年 10 月 21 日诺贝尔诞生。

　　18331021，我们可以利用谐音和数字编码一同进行转换"一把闪闪的棒球给鳄鱼"，联想一把闪闪的棒球送给鳄鱼，换来了诺贝尔。

（4）化学元素周期表

想要记忆化学元素周期表，我们可以用原子序列数中的数字作为定位系统，然后将元素名称（中文）和元素符号（字母）联结起来进行记忆。

例如：

40号元素锆（Zr）我们可以转换成3个图像40——司令、锆——糕、Zr——孜然

联想：司令买了糕点撒上孜然。

100我们可以用编码00来记忆。1～9可以使用我们的单数字编码。而101～109就可以使用01～09的数字编码。111～118，由于数量比较少，大家可以打开脑洞，按照自己的想象来创造一些编码。例如找8个有顺序的人物，或者是根据音形义再造都是可以的。如果数量很多，我就建议大家用数字组合来记忆。例如111，我们就可以想象蜡烛爬梯子。

我们生活中有很多跟数字有关的内容，例如地理、历史中的数据信息，生活中的生日、密码、电话号码，只要学会方法，就能轻松记住这些信息。

本节练习：

（1）我国第二长河黄河约有5464千米。

_____

_____

_____

（2）唐朝有289年历史，从公元618年李渊建唐到907年唐灭。

_____

_____

_____

（3）1938年台儿庄战役。

_____

_____

_____

第十八节
告别职场脸盲

在职场上有个好记忆是非常重要的，它不仅可以帮助你快速记住所要使用的职业知识，更重要的是让你告别脸盲。

我们先看一个场景，参加 MBA 培训也有一段时间了，可是还有同学经常遇到的时候觉得对方脸熟，就是想不起来对方的名字。双方一对视，赶紧笑笑，迅速走开，避免尴尬。估计看到这，很多朋友要开始大呼，这就是我的日常啊！在职场上，如果你能在沟通时喊出对方的名字，甚至是你们只见过一面你就能准确说出对方的名字，对方一定对你印象深刻，好感度爆棚。相反，如果你总是记不住别人的名字，尴尬的同时还会让别人觉得没受到尊重，对我们的职场发展和人际交往都非常不利。

有一次在一个饭局聚会，一轮介绍后，大家听到我是记忆大师，就有人立刻跟我打赌，如果我能现场记住所有人的名字，他就罚酒一杯。你们猜他喝了没有？我不仅记住了他们的名字，还把职业都报了出来。为什么我的记忆力这么好呢？书看到这，你们都知道，其实是有方法！掌握这个方法，你们回去放心大胆地试，记不住换我喝酒。

第一，注意力集中，就是认真听。

当有人给你介绍名字的时候，你一定要听清楚对方的名字，对！这点很重要哦！别人在自我介绍的时候，你在玩手机，打电话，想其他事情，错失了记忆的时间节点，大罗神仙也帮不了你啊。

注意力是一切信息输入的窗口。没有注意力，即使你脑子再好，也会遗漏一大片内容。

比如我做自我介绍，我会说，大家好，我叫周莹。万一没听清楚，你还可以追加一句"姐，是哪几个字啊？"你看看是不是对方又说了一遍。如果错过了这个机会，你还是没记住别人的信息，别不好意思，你可以偷偷地私下问问在场的小伙伴，有没有人知道。如果别人都不知道的话，那就赶紧走到对方面前说："不好意思，我没记住您的名字，能否请您再说一下？"毕竟，真诚才是通向一切成功的道路。

这里再送大家一个非常牛的小方法，如果你怕对方记不住你，不妨在他面前多重复几遍自己的名字，唤起他的注意力。毕竟注意力在哪里，记忆就在哪里。

第二，观察，找重点。

有些朋友立马又问："这个名字我认真听了，可是有点印象对不上人啊！"所以咱们第二步，就是看！观察对方身上最突出的细节重点。

还拿我来举例，你看到我的时候，立刻让你眼前一亮的是什么？是我的小酒窝？眼睛？还是我身上的这个特别的胸针？又或者我和你的某位同学、朋友长得特别相似？

第一印象往往是很难忘记的，这是源自心理学的"首因效应"，美国心理学家洛钦斯提出，交往双方形成的第一印象对今后交往关系有着重要影响，虽然这些第一印象并不总是正确的，但却是最鲜明、最牢固的。所以我们要善于利用观察细节特点，来提高记忆。

第三，图像化联结。

我们接收到的信息中，视觉信息占了 90% 以上。因此，我们要善于将观察到的细节和名字都转化成图像进行记忆。

还拿我举例，周莹。怎么构建联结呢？一般来说，我会说：认识周莹，提高记忆，祝大家每周都赢。"但是理解有时候容易让人忘记。比如有的人介绍自己说，他叫致远，宁静而致远。虽然感觉很好记，但是没有什么画面感，时间长了我们就忘记了。所以我们可以转换成一些图像记忆，更能记得牢靠。致远就可以想成痣圆。

如何让名字和人对上号呢？就拿刚才咱们看见的细节联结一起。我戴着那个夸张的胸针，就可以每周都在牌桌上赢钱。是不是有点画面感了，你也可以多用一些夸张、好玩、搞笑的联结，打破认知，超出常规！大脑记忆就喜欢"不走寻常路"。

第四，复习。

做事复盘不仅可以对事业有助益，对记忆一样的重要。

很多人记完了，就觉得结束了。过几天，忘得一干二净。其实记忆大师都是有复习策略的，而我们记忆最离不开的就是复习。记完了名字后，我们可以在晚上回去拿出手机看一下今天的大合照，核对一下别人的名字长相。在微信里添加一下备注，包括姓名、职业信息、第一印象等。好记性也要烂笔头，更何况现在的工具能帮我们节省不少效率。

下次见面或者活动前，可以趁着等待的时候掏出手机复习看看，这样才能做到万事俱备。

第十九节
演讲脱稿不忘记

有段时间，我需要参加"得到"的一个演讲，要求演讲内容必须跟逐字稿一字不差。在台上我侃侃而谈，而有的朋友讲着讲着就忘了。原来职场也是需要背书的，背金句、开会的重点、演讲稿，今天我就把这个随学随用的小技巧也分享给大家。

记住稿子的内容核心，其实和我们背课文的步骤差不多。

第一步：拆。

很多人记稿子会一遍遍地整体读，甚至是靠抄写来加深印象，这无疑是比较浪费时间的。

当我们拿到一篇完整的稿子时，首先要做的就是拆。

原因是什么呢？其实就是咱们记忆的万能钥匙的模块化原理——魔力之七法则。这样做，心理上也降低了畏难情绪。一篇 2000 字的长稿，可远没有 10 个 200 字的小段落好背。

那么你肯定要问，如何拆呢？按照微博的 140 个字？拆稿子的方法主要有两小步：

①根据意思所表达的意群进行分段。

一个意群可能指的是一个段落、一个章节、一个故事，甚至是同一个表达意思的内容。

②拆分经常卡壳，易忘的地方。

比如我们拆成了小意群，但是这个段落有点多，我总在某一个位置上遗忘，怎么办？

拆开，划分成两个小段落。拆完以后，你肯定又要问，这小段落我都背会了，可是上下衔接不起来怎么办？

第二步：构。

我们在重塑期里讲到的内容中，有一个就是结构。

在记演讲稿的时候，我相信你想表达的主题结构一定会存在自己的脑海中，你可以根据自己脑海里的结构或者是 ppt 的页面进行文章的串联。

当然这里，我还有一个最百搭、最强大的工具送给你，那就是定位记忆法。用记忆宫殿来帮助我们记忆，不管你身处何地，如何紧张或状况频出，也能快速定位信息，让你结构不乱地脱稿全文。

例如你模拟站在舞台上，眼睛从左到右依次看到的有特征的"物品"都可以成为我们的"记忆宫殿"。

一定要谨记万事万物都可以成为我们的"记忆宫殿"，只要它符合三个特征：熟悉、有顺序、有独一无二的特征。

第三步：想象联结。

每个段落背得下来，又构建好了同样数量的记忆宫殿。下一步就是把我们的小段落和记忆宫殿进行联结。

我们在背段落的时候，尽可能地将它转成一些图像，也就是视觉化的"编码"（看到这个编码你可以立刻反应出段落开头）。

例如我们文章内容所呈现的场景或者是进行的过程，它都可以形成图像视觉化的信息。我的朋友 Bill 的讲稿有个开头，说他自己的业务跨国提供技术给各个公司。我就想了一个他伸长了腿跨过地球发功给各个写字楼的画面（每个人的视觉呈现结果不同，关键是你的第一反应）。

然后将这些脑子里的图像视觉化编码依次跟我们记忆宫殿进行联结就可以了。如何联结？其实非常简单，就是让场景动态发生在我们的定位系统（就是依次的物品）上就行了，这里可以运用咱们的锁链记忆法、故事记忆法。

第四步：复习。

这真是一个被反复提及不能忘的步骤。我在本书的开头就说过一句话："如果一个记忆大师跟你说他能过目不忘，这个人绝对是个骗子。"

复习是非常重要的一件事情。首先，我们在小段落记忆的过程中就可以构建视觉化编码。

其次，一定要在记完一个小段后，不要回看，进行复述。（讲和写都行，我推荐讲，毕竟是个演讲稿嘛。）你可能会有遗漏，别担心，一定不要马上回看，坚持着背完以后再去看自己哪里错了，这样印象更深刻。

最后，整篇文章都记完，在定位系统（记忆宫殿）上放好后，我们要做的是直接场景模拟，想象自己站在舞台上，按照实际演讲的时间标准强制自己脱稿讲完全稿。

温馨推荐：你可以自己读一遍稿子录下来，碎片时间听一下也行，切记脑子跟上，最好跟着背一下。

人生中，我们会有很多次登上舞台，在万众瞩目下表达自己的时刻，你不妨学点记忆方法来提高点效率，增加点自信。无论你是背职场上什么样的内容，

续表 都可以用这个方法。

磨刀不误砍柴工，多易必多难。所以你不妨先试试看。成年之后的每次机会都很难重来，充分准备，才是我们应对职场的"屠龙刀"。

第二十节
记住车牌

不知道你是不是也遇到过这样的情况，用滴滴打车，虽然叫车的时候看到了车牌号码，但是没一会就忘记了。车牌其实就是数字、字母和汉字的组合，我们不妨每天在回家的路上，有意识地训练自己记几组车牌，不仅可以帮助我们提高知识记忆的速度，还能锻炼大脑，让我们的大脑越用越活，保持年轻。

例如：

京A25C02

车牌第一位是汉字：代表该车户口所在的省级行政区，为各（省、自治区、直辖市）的简称；车牌第二位是英文字母，代表该车户口所在的地级行政区；而剩下来的五位则是随机的。

在面对车牌记忆的时候，我们要做的依然是转换成图像用记忆法联结。

京A——京联想到天安门（北京）A联想到苹果，剩下的部分可以用我们的数字编码、字母编码、谐音、形象等方法进行转换，25C02——二胡（25）擦（c）铃儿（02）。

然后再将这些部分用锁链记忆法或者故事记忆法联结在一起：天安门前的苹果用二胡擦铃儿。

渝C520X9

渝是重庆的简称，如果用地方名称记忆的时候，很容易忘记，所以我们可以用谐音法转换成"鱼"。C用字母编码转换成月亮。

520，是我们经常使用的具有特殊含义的数字"我爱你"；X9，用谐音的方法可以转换成"成就"；整体联结：鱼对月亮解锁了"我爱你成就"。

豫N03XZ4

豫是河南的简称，我们依然用谐音的方式进行转换，渝我们转换成了"鱼"，这里豫就要转换成其他图像跟渝有所区分，豫我们可以转换成"美玉"。N在字母编码里是门。

03XZ4可以转换成"藕伞下载丝"。

整体联结：美玉做的门下，藕伞下载着丝。

除了车牌，也有很多朋友经常记不住停车位，停车位的记忆是不是跟车牌差不多呢？也是字母和数字的联结，学会方法，世间一切记忆尽在你的掌握之中。

本节练习：

桂A38DG5

沪D2247Q

苏C91F26

第二十一节
用记忆法提高生活效率

———

不知道你是否遇到过这样的情况，每次逛超市，自己明明只是想买一两件商品，但一圈走下来购物车里的东西越来越多，结完账突然发现自己原来计划的东西却没有买，还要重新再买一次，浪费了时间。这个时候就可以发挥我们强大的大脑，通过记忆方法来提高我们的效率！

例如：我们要去超市购买以下物品，如何用记忆方法提高效率呢？

冬瓜、梨子、可乐、白醋、啤酒、盐、筷子、羊肉、生菜、纸巾、牙刷、柚子、牛排、扫把、胡椒。

我们可以运用结构记忆法中的归类结构，快速将东西划分为不同类别：

蔬菜水果：冬瓜、生菜、梨、柚子。

调味料：盐、胡椒、白醋。

饮料：可乐、啤酒。

日用品：筷子、纸巾、牙刷、扫把。

肉：牛排、羊肉。

然后我们就可以运用记忆方法来把这些内容记住，这里我们可以采用定位记忆法帮助我们记忆！

这里我选择的是小汽车来作为定位系统：

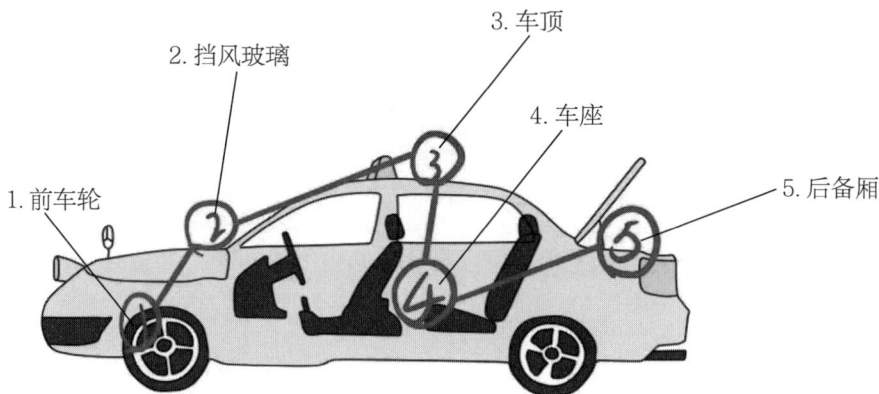

然后联结记忆就可以了！

1. 前车轮——冬瓜、生菜、梨、柚子。

联想：前车轮撞到冬瓜长出了生菜，上边结了很多的梨，切开居然是柚子。

2. 挡风玻璃——盐、白醋、胡椒。

联想：挡风玻璃上撒了很多的盐，倒上点白醋，居然变黑成了胡椒。

3. 车顶——可乐、啤酒。

联想：我们坐在车顶，你喝可乐，我喝啤酒。

4. 车座——筷子、纸巾、牙刷、扫把。

联想：车座上的筷子（拟人）用纸巾擦牙刷和扫把。

5. 后备厢——牛排、羊肉。

联想：后备厢里都是牛排和羊肉。

最后核对复习一下，就可以记住这些内容了！方法运用熟练，可能不到 2 分钟就能将这些物品全部记下来，而且通过反复地分类练习，可以增强我们的大脑逻辑性。

本节练习：

公司需要准备团建烧烤，财务让你去进行采购。大家报了自己爱吃的食物，请你用方法记下来：

辣条、羊肉串、土豆片、风味豆干、雪碧、西瓜、香肠、青辣椒、肥肠、牛肉、金针菇、薯片、果粒橙、浪味仙、孜然粉、葡萄、可乐、橘子、鸡翅、辣椒粉。

记忆项目讲解

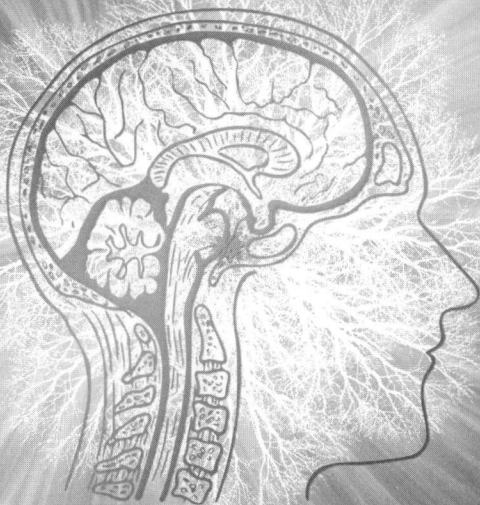

第一节
巧记二维码

江苏卫视的《最强大脑》节目让我们看到许多不可思议的记忆挑战项目。那些参赛选手似乎脑力超出众人，但实际上一些项目却是暗含玄机，难者不会，会者不难。接下来，我们就来一起挑战一下一分钟内找到二维码。

这是《最强大脑》栏目组在微博上发布的一道题。试试看你能否记住下边两个二维码，并且在二维码墙中找出来！

二维码（记忆力）

规则：记忆下方二维码，从二维码墙中找到该二维码

A  B

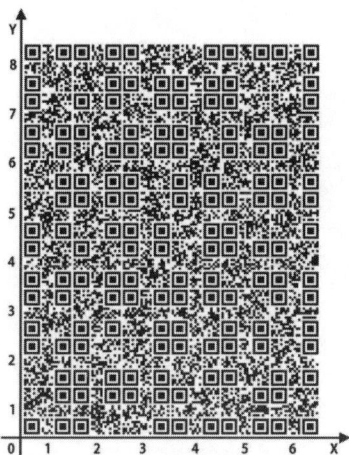

一墙

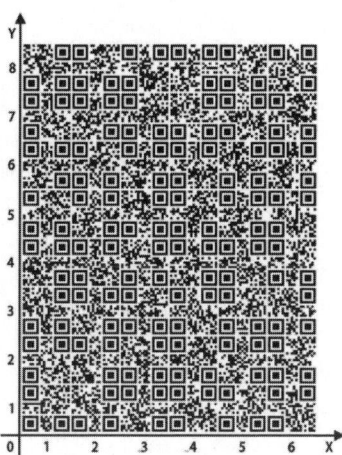

二墙

这道挑战题一经发布立刻引发了热议。不少小伙伴纷纷表示，这眼睛都花了，就是找不到。而我不到一分钟就完成了挑战。如何做到的呢？是因为我脑子好使吗？是天赋异禀吗？都不是！

今天我们就来揭秘，让你一学就会，立刻学会最强大脑的观察记忆法！

首先，我们来看 A 这个二维码。

奥卡姆剃刀定律说："切勿浪费较多东西去做，用较少的东西，同样可以做好的事情。"这个原理在我们记忆中一样实用。我们不需要去记住整个二维码，只需要从二维码中找到有效信息就可以了。

1. 建定位

图上圈出的三个点，其实就是二维码的定位。我们默认记忆的位置是三个点，两个上，一个左下为初始数据。这个非常的重要，因为在这两面二维码墙上，二维码并不是按照初始数据来摆放的。所以先确认定位就非常的重要了。

2. 找到关键内容并想象

做好了定位，下一步就很简单了，一整张二维码，你其实只需要记住 2 ~ 3 个信息就可以在上百张二维码里找出来啦。（任何东西，三个特殊细节完全重复的可能性非常小，所以一般记三个细节就好啦。）

我们在定位的三个点中，找到让你第一眼印象最深的信息，然后发挥想象让它变成具体的图像。

例如我在 A 二维码中，第一眼就在上面的两个定位点间发现了一条竖着的图形（下图中用椭圆形标出的部分），然后发挥想象，让它具体化。我觉得它像极了一把钥匙。（没有对错，你自己发挥想象就好。）

然后在左侧定位的两个点中间找到一个突出的关键内容，我把它想象成了一个扎着辫子坐下来的小姑娘。

3. 构建联结

这道题中需要记忆的内容其实非常的少，两个二维码也就是 6 个信息。所以很多人只靠原本的记忆能力都可以完美完成。但是，如果信息量增加，怎么办？我们就需要构建联结。

例如 A 二维码中的三个信息"钥匙——小姑娘——土堆"我们可以构建一个画面，把钥匙送给坐在土堆上的小姑娘。复习一下，基本上记忆就完成了。

完成了记忆，这道题就完成了二分之一。接下来就该找了。很简单，用"方程的形式"快速推导出正确答案。先在两个定位点之间找钥匙，不符合看下一个二维码；符合条件，就看它的另一个定位点线路上（注意是初始数据"左侧"）有没有小姑娘。不符合看下一个二维码，符合条件，再看石头。

三个都符合，就是正确答案（其实一般你看到第二个就能确认了，而多看一个信息会增大正确率）。

这就是最强大脑二维码的项目啦。你觉得难吗？

本节练习：

请完成这道挑战吧！

二维码（记忆力）

规则：记忆下方二维码，从二维码墙中找到该二维码

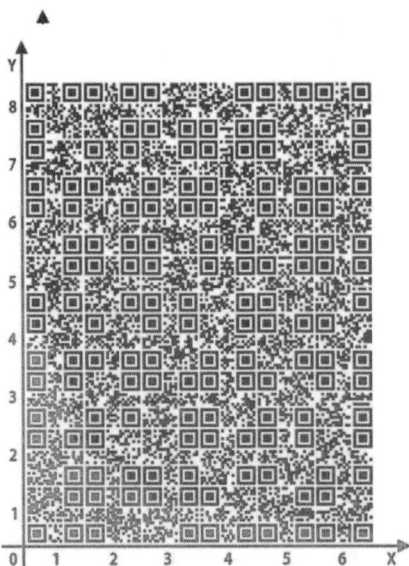

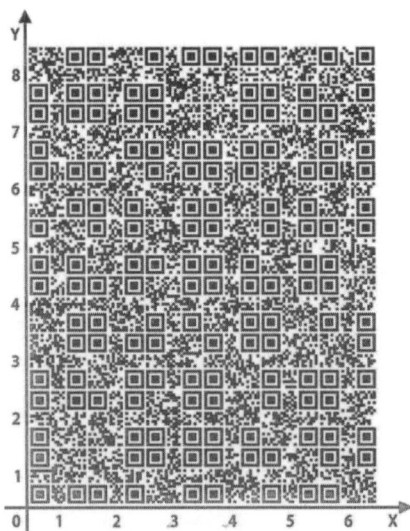

第二节
秒记脸谱

学了二维码如何记忆，大家是不是立马觉得《最强大脑》项目好像也没那么难？接下来我们就再来挑战一个难度高一点的项目，记忆脸谱！

脸谱，是中国传统戏剧中演员脸上的绘画，不同行当的造型也不相同。

那么到底怎么记忆呢？

1. 观察

首先就要开启我们的观察力，找到这张脸谱里最独特的特点。

例如：周仓《华容道》

这张脸谱里，最令人印象深刻的就是眉心的太阳。

2. 想象

我们在这里可以将眉心的太阳想成一个伸出手要抱抱的太阳。

3. 联结

这个脸谱出自《华容道》，是人物周仓的面部图像。

我们可以将伸手的太阳、华容道、周仓，三个信息进行故事记忆法联结。

联想：太阳抱住周家的仓库，通过了华容道。

4. 还原核对复习

看着脸谱和联想内容，想象图像进行复习。

例如：牛邈《飞权阵》

1. 观察

我们第一眼看到的依然是它的眉心，是一颗如意连着长长的水滴的造型。

2. 想象

如意和长长的水滴，我们可以联想成咖啡勺，勺头是颗心，长长的水滴就是勺把。

3. 联结

这个脸谱是牛邈的，出自《飞权阵》。

牛邈转换成牛庙，飞权转换成飞起来的权子（一种用来挑秸秆、柴草等的农具），然后将牛邈、飞权阵和勺子联结起来。

联结：牛庙里，勺子和飞起来的权子打架。

4. 还原核对复习

最后别忘了复习一下，看着脸谱和联想内容，想象图像进行复习。

其实我们的记忆步骤和记忆的万能钥匙非常相似，更像是它的不断变形。所以方法学习，重要的是唯我主义，为我所用才是最关键的！无论是"最强大脑"，还是记忆大师，他们都是将方法学以致用来解决各种各样的挑战的，希望你也可以一样。

本节练习：

请用方法记忆脸谱。

雷公《大闹天官》

后羿《嫦娥奔月》

第三节
成为聚会之星——人脸扑克

我在山东卫视《现在的我们》里表演过一个项目，叫作《人脸扑克牌》，规则是 20 位观众每人手上拿着一张扑克牌，我需要记住这 20 个人的长相和手中对应的扑克牌花色。今天就将这个项目中的记忆方法分享给大家，让你在聚会中成为"最强大脑"。

其实要完成这一挑战，只需要将人脸和扑克牌相联结。

1. 扑克牌记忆

扑克牌记忆是世界脑力锦标赛中的一个项目。我们要将花色和数字准确无误地记忆下来，用的是什么方法呢？其实就是数字编码的方法！如何将扑克牌转换成数字编码呢?

（1）花色的转换

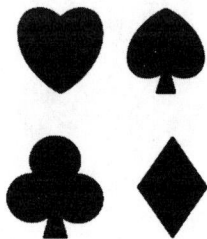

扑克牌共有 4 种花色，我们可以根据每种花色的特征来进行转换：

黑桃——我们根据黑桃的尖，联想到数字 1。

红心——红心有两个心房，联想到数字 2。

梅花——梅花有 3 瓣叶子，联想到数字 3

方片——方片有 4 条边，联想到数字 4。

（2）数字的转换

数字大部分是保持原有的内容不动的，其中有一些特殊的需要进行转换：

A——1，J——5，Q——6，K——7。

（3）牌面的组合转换

在牌面转换成数字编码的时候，一般来说（除了 J、Q、K）花色相当于两位数数字编码的十位，数字相当于个位，所以转换如下：

花色	转换数字	编码	花色	转换数字	编码
♠1	11	梯子	♠6	16	石榴
♠2	12	椅儿	♠7	17	仪器
♠3	13	针管	♠8	18	腰包
♠4	14	钥匙	♠9	19	衣钩
♠5	15	鹦鹉	♠10	10	棒球

其余花色的转换类推。而含有 J、Q、K 标示的牌面的转换略有不同，把字母放在十位，花色放在个位：

花色	转换数字	编码	花色	转换数字	编码
♠J	51	工人	♣J	53	乌纱帽
♠Q	61	儿童	♣Q	63	流沙
♠K	71	鸡翼	♣K	73	花旗参
♥J	52	鼓儿	♦J	54	武士
♥Q	62	牛儿	♦Q	64	螺丝
♥K	72	企鹅	♦K	74	骑士

剩下的两张大小王可以用单独的编码：小王——牌面的小丑；大王——王冠。

在世界脑力锦标赛上是没有大小王的，所以你也可以自行选择是否在自己的挑战中加入它们。

2. 人脸记忆

在这个挑战中，我们依然只需要选择你看到这个人时，让你最为深刻的第一印象，或者是说是独特的地方作为定位系统就可以了。

例如：

我们看到这个人的第一眼时，可以发现她头上有3个小毛球，我们可以用这3个毛球来进行联结。

在实际生活中，你可以寻找比较不容易改变的特征来记忆，比如酒窝、脸型等。

3. 联结

接下来，我们只需要将扑克牌转成数字编码和我们观察到的特征点进行联结就可以了！

例如这个人拿的牌是◆J，我们可以这样联想：武士砍掉了美女头上的3个毛球。

这个方法的重点在于，你需要多练习扑克牌的转换，让自己一看到某张扑克牌就知道对应的是什么数字编码。下面请你也来挑战一下记住人脸和扑克牌的匹配吧！

本节练习：

记忆这些人脸所匹配的扑克牌，然后填空。

完成记忆后请作答：（不要偷看上边的内容哦！）

_____

_____

_____

彩蛋篇
记忆项目讲解

第四章

践行期

CHAPTER4

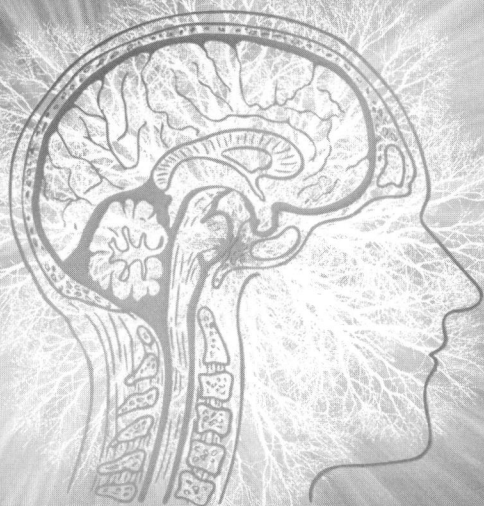

第一节
高效复习

————

在重塑期的学习中，我们知道，想要把短时记忆变成长时记忆，就一定需要重复和不断地训练。

我在上学的时候，老师经常说的一句话就是，你们要多复习！可是到底如何复习呢？我在小时候经常用的方法就是多读几遍，或者再看一遍，可是这样的方法既费时，又没有效果。

即使我已经成了世界记忆大师，但每当有人问我有什么过目不忘的好办法的时候，我总会摇头，因为我确实不是一个拥有过目不忘能力的人，但是我可以用记忆大师的复习策略来告诉大家如何进行高效复习。

世界脑力锦标赛上有一个马拉松数字项目，需要选手在 1 小时内尽可能多地记住随机的阿拉伯数字，而且评分标准是一行 40 个数字，错一个数字扣一半分，错 2 个数字得零分。我的赛场最高纪录是 1 小时正确记忆了 1680 个。难道这是我一口气记下来的吗？如果连续记忆而不复习，恐怕我还没有记到 1000 个，前边的内容就忘了。我是采取了这样的策略，我记一遍能正确的数字数量是 240 个，所以我就以 240 为一个小单位，记完 1 个单位就复习一遍，所有的内容记忆完毕后，就开始整体复习。1 小时的比赛时间，我用 40 分钟用来记忆，剩下的 20 分钟用来复习。

这样的方法也可以运用到我们的学习中来，将学习的内容拆成几部分来进行复习：

一、及时复习

这是我们日常学习和生活中都很实用的一种方法，就像我记忆数字一样，记完一个部分后立马进行复习。

例如：记单词，很多朋友讨厌背单词的原因就是今天背了，明天就会忘记大部分，如此反复，学习就没了自信心。大部分同学背单词，假设一个单元 36

个单词，大家都会一口气全部背完，然后再看一遍复习，甚至有些同学连再看一遍都懒得进行，以为记忆完，学习就结束了。正确高效的及时复习，可以延长我们的记忆保持时间。

一个单元 36 个单词，我们可以拆成 6 个单词为一组（魔力之七原则），共有 6 组。我们学完 6 个单词后，就可以进行复习一次。学完 6 组也就是 36 个后进行一个总复习。这样你第二天就会发现，单词的遗忘率降低了不少。

这里复习有一个非常重要的点，一定要用脑复习，你可以盖住单词的拼写，只留中文含义，然后大脑回忆拼写将它写出来，这可比再读一遍、再看一遍的方法高效得多。

我们可以利用每节课后、午休或者回家路上的时间进行复习，拿出课堂笔记，回忆一下上课的要点。

二、间隔复习

美国普渡大学研究发现，对已经掌握的知识间隔一段时间再次进行回忆检验可以强化知识记忆。所以，在一段时间之后，我们要对学过的知识进行复习，从而加强我们的记忆。

（1）艾宾浩斯回忆法

德国心理学家艾宾浩斯在 1855 年提出了"艾宾浩斯遗忘曲线"，指出记忆量将随着时间流逝呈一定比例下降。我们可以根据这个规律，使用间隔复习的方法，帮助我们提高记忆准确度和记忆保持时长。

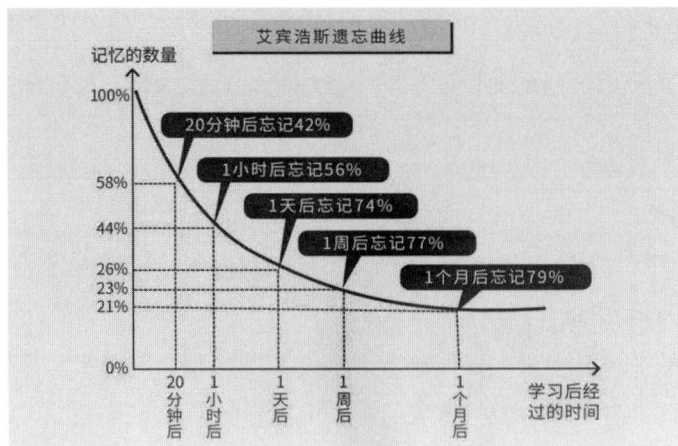

艾宾浩斯遗忘曲线

间隔的时间节点是：

第一个记忆周期：5分钟。

第二个记忆周期：30分。

第三个记忆周期：12小时。

第四个记忆周期：1天。

第五个记忆周期：2天。

第六个记忆周期：4天。

第七个记忆周期：7天。

第八个记忆周期：15天。

第九个记忆周期：1个月。

通过间隔的多次复习，我们记忆的知识也会越来越牢靠的！

（2）五一复习法

如果你觉得遵照"艾宾浩斯记忆曲线"复习的频次太高，那么"五一复习法"或许是更能让人"偷懒"的复习方法。它是根据你的第一次记忆时间，按照"1小时、一天、一周，一月，一季度"的间隔时间来进行复习的。这个方法的要点是，每次复习需要进行默写或者背诵，才能有更好的效果。

下面是一张按照"五一复习法"复习单词的表格。

单词	意思	第一次记忆时间及方法	第一次复习（1小时后）	第二次复习（1天后）	第三次复习（1周后）	第四次复习（1月后）	第五次复习（1季后）
		8月2日 10:30	8月2日 11:30	8月3日 9:30	8月9日 9:30	9月1日 9:30	11月2日 9:30
bay	海湾	ba+y 爸在海湾买衣撑	bay	bay	bay	bay	bay
woo	求爱	w+oo 乌鸦戴眼镜求爱	woo	woo	woo	woo	woo
gun	枪	拼音：滚枪滚掉了	gun	gun	gun	gun	gun
cab	出租车	谐音：开吧开吧，出租车	cab	cab	cab	cab	cab
wet	湿的	谐音：外头外头是湿的	wet	wet	wet	wet	wet

三、睡觉复习法

你没听错，睡觉也可以帮助我们复习学到的知识。大量研究表明，人们会在睡觉的时候将白天获取的信息在大脑中进行"重演"。学会利用这一点，会让我们的学习效率倍增。到底该怎么做呢？

1. 睡觉前，复习一会

德国图宾根大学的教授苏珊·迪克尔曼说"睡眠还能帮助我们总结自己所学到的东西，让我们能够举一反三"。睡觉前的 15 ~ 30 分钟是记忆的黄金时间，我们可以在睡前，复习一下自己今天学习的知识，或者是看看自己的学习笔记，让我们的大脑在睡觉时帮我们"重复"一下。

2. 利用气味，在睡觉时复习

神经科学家研究发现，与学习新事物有关的气味可在睡眠中提醒大脑巩固记忆。

例如我们在学习的时候，可以涂上一些玫瑰花气味的香水，睡觉的时候打开玫瑰气味的加湿器，就可以帮助我们提高睡眠时复习白天学习内容的效果。这是因为处理气味的大脑区域直接同处理记忆的海马体相连接，在睡觉的时候闻到相同的气味就会让我们的记忆重激活。

3. 碰到难题，不妨先睡一觉

这是美国西北大学的研究人员通过实验发现的一个现象，睡觉的时候，我们大脑有针对性地重新激活对难题的记忆，这可以增加第二天早上解决问题的能力。所以遇到难题，别钻牛角尖，快快钻被窝，说不定第二天就豁然开朗了！

复习也可以通过考试的方式来进行，算好时间模拟考试，不仅可以检验我们知识掌握的牢靠程度，还可以让我们适应考试的节奏，锻炼心态，也是一个非常好的复习方法！

记忆，不仅要记，也要回忆。学习，不仅要学，更要复习。记和忆，学和习，都是一样重要的！希望通过本次的学习，让大家学习知识的时候，不再只是记，而不去复习了！

第二节
高效练习

————————

学习最重要的就是形成知识结构，然后在不断地应用练习的过程中真正掌握它。就像我们学习游泳，即使理论背得滚瓜烂熟，不下水里扑腾扑腾喝点水是无论如何都学不会的。学就是为了用，第一次用肯定不顺手，正如卖油翁所说的，"无它，唯手熟耳"。

很多人都知道刻意练习的重要，但是总觉得没机会。其实，我们的输出就是要在生活中践行。所以，这里给大家三个方法，让你高效践行：

一、逢人就讲

到底有没有真正消化自己所学到的知识，最简单的验证方式，就是讲给别人听。这个模糊的概念你能讲清楚吗？知识框架思维结构有闭环吗？逻辑上是有疑问吗？在你不断给别人陈述你的观点的过程中，你发现对方有疑问，对方没听懂，你就要带着问题打开书本笔记进行复盘。你看，这可比你偶尔拿出笔记扫一眼、过一下要有效多了。如果对方可以听懂，你肯定会倍感鼓励，越讲越起劲，以至学以致用。

有一次我学习了一个词"啐啄同机"，意思是指小鸡要孵出，母鸡和小鸡必须里应外合地弄破蛋壳，也可以用来比喻机缘相投或共同奔赴。听完这个词的当天，我就喊来我妈，说妈我今天学了个新词，叫啐啄同机…… 下午跟同学讲课的时候，给学生们又讲一遍，晚上跟合作方吃饭又说了一遍。你瞧，三遍下来，我就把这个词牢牢记住了！

这里给大家个万能开头句，"今天我听了件事……"你就可以开始讲了，甭管别人，反正咱们练习的是自己，在生活中常开口是关键。

二、套模型

我们记忆大师中，有一些是死学习，除了比赛的内容，别的不会。有一种就是把方法套在其他项目上，比如最强大脑的各个项目，能记水，记树叶，记人等。

这就是套模型的方式，也是一种思维的可迁移。

思维可迁移是指能把 A 知识灵活应用到 B 领域，能把 B 知识迁移到 C 领域用起来。如何做？拿着我们的思维模型进行套用就好了。

比如我们说《最强大脑》二维码的这个项目，我们总结出来了 4 个记忆模型，一先定位，二找突出点，三想象联结，四复习巩固。你看，这个模型是不是可以套在咱们今天的学习讲解上？甚至是套在我们的工作做项目上也丝毫不违和。做项目，先想清楚为什么干（定位），找到重点问题，我们以前有没有什么相似的项目，我们的问题或者优点在哪？最后就是即时复盘。

三、及时认可自己

现实生活中有很多人在做一件事情的时候，因为害怕失败而放弃，因为付出没有回报要放弃，因为别人的不支持而放弃…… 其实高效践行，最重要的就是及时地认可自己。

《小狗钱钱》上有一个方法很好，就是学会写《成功日记》："去准备一个本子，给它取名叫'成功日记'，然后把所有做成功的事情记录进去。你最好每天都做这件事，每次都写至少 5 条你的个人成果，任何小事都可以。开始的时候也许你觉得不太容易，可能会问自己，这件或那件事情是否真的可以算作成果。在这种情况下，你的回答应该是肯定的。过于自信比不够自信要好很多。"

想要持久地坚持一件事情并不容易，我们要学会去认可自己的每一个微小的进步。在这里给大家一个认可自己的关键步骤，认可自己的行为态度，而不是特定的特质。比如你可以将今天写了 1000 个字作为肯定，但是你不能夸耀自己真是"聪明"。

通过不断地肯定和记录，你一定会发现践行的乐趣，从而真正坚持下来，影响更多的人。

一个好的学习，并不是抽出具体的大块时间进行刻意练习。而是在生活中不断地使用，不断地践行，反馈。这样才能真正地学会记忆，学会学习。

第三节

学习一门新知识

很多朋友都知道，我绝对是学习力超级强的一个人，除了有科学的记忆方法，我还有一套学习的逻辑思考。接下来，就分享一下我是如何去学习一门新知识的。

一、确定目的，进行分层

没错，面对一个新知识，我们用自己的逻辑体系，首先划分一个区域。

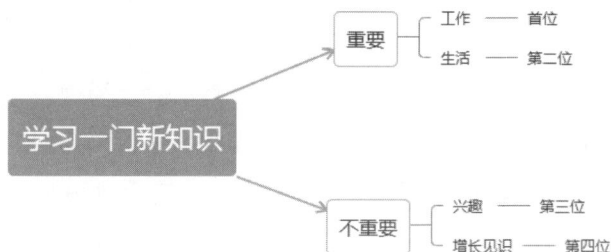

我把新知识做了一个系统回路。

这个知识是否重要，取决于它能带来的提升。如果它能帮助我提升工作（直接点是变现），那么它就值得我花费大量的时间和精力在第一时间进行学习。如果它能提升我生活（也就是提升我的生活水平），那么它就是第二序列位。

在相对不重要的学习中，我把兴趣排在了第一位，比如我学习画画，就是兴趣爱好，有时间就练习，没时间就不做。最后的就是能帮助增长见识但不重要的，就没事做的时候再学吧。同时不要在更重要的学习目标还没达到的时候，在最不重要的目标上浪费时间。

我在学习上有个心得，学多不如学精。

二、选择你的生态位

别小看了学习中"生态位玄学"，它真的是影响你学习的条件之一。

如果你想成为学霸，最简单的办法就是坐到学霸中间，即使吊车尾你的整体水平也要高出常人很多。

有一次，我在郑州的跑跑卡丁车的国际赛道练习。同下赛道的是两个从来没玩过的新手，我一个小姑娘开车甩了他俩大半圈，沾沾自喜。下来一看成绩傻眼了！最好成绩连 1 分钟都没进。第二场跟老手们练习，一个个全程不带刹车，跑得贼快，我虽然只跑了个第五的成绩，但是成绩却进到了 40 秒内。

玩卡丁车游戏尚且如此，更何况学习。

三、学——复习——练习

通过对身边的伙伴观察，我突然发现很多人边听边练习。老师进行下一部分的时候，他还沉浸在上一个练习。这种学习方式，我统称为效率低。

我在学习过程中（尤其老师说这个课件会给的时候）笔记从来只有 1. 关键节点，2. 当下突发的灵感。空出老师课程中的详细讲解，或者书本上已有的内容。等老师这堂课讲完让练习的时候，我会立刻花 5~8 分钟，先复习。这里复习可不是再看一遍书。而是把刚才空下来的详解给补充完善，不会的再看书来进行补充（别小看这一步，这是信息输出的过程，我们在大脑中无形增强了知识消化的回路）复习完以后，再开始练习。如果这个知识对我排列在第一序列位，练习完老师的布置的练习，我一定会找个案例自己套用一下，看看是否真的掌握。

四、总结——总结规律

当你开始逐步从小白变成中级水平后，那么拉开你和高手的最大区别就在于你是否能概括出自己的底层逻辑，并用它来指导其他的训练。所以学了以后，就要去归纳，去总结，还要多使用。

第四节
构建学习飞轮

想要学习，只记住内容，然后复习可是不行的。还需要构建一个学习的飞轮，就像是自行车上的齿轮一样，让我们的学习可以形成正向增长。

在这里，我想先跟你达成一个共识，学会学习本身，比学什么内容，更重要。当你具备学习的能力，推动了学习飞轮，那学什么只是你兴趣和需求的选择而已。

那问题来了，到底该如何构建自己的学习飞轮呢？

一、确定目标，用任务驱动

2014 年，是我当记忆教练的第三年。工作相对都比较熟练，课程教得也不错，我还带出了一个清华的学生。按说这正是一切美好的时候，却发生了一件事，成为了我人生的转折点。

学生妈妈为了感谢我，推荐了很多同学来上我的课。一下子来了将近 20 位学生，可我吭哧吭哧上了 2 天的试听课，一转头学生都没了。他们都觉得记忆法非常值得学习，所以都跑去找另外一个记忆大师上课了。为什么？我只是一个记忆法教练，而他们却更希望跟一个记忆大师学习。

这件事让我坚定了一个信念，我要练习成为记忆大师！

我要怎么做？肯定是学习，我立刻报名了记忆大师训练班。刚开始的时候，我们班上有 40 个同学，大家都信心满满，到了 10 月比赛，就剩下 20 个人，11 月中国赛，不到 10 人，12 月世界脑力锦标赛 7 个人里只有我一个人练成了记忆大师。

知道我拿到了大师证的时候，当时我们一起训练的小伙伴都气哭了，她每天早上 8 点训练，晚上 10 点才回宿舍。而我刚开始还努力 8 点起，后来就 10 点了，再后来每天就练习 2 个小时。我怎么可能练成呢？

其实我做对了一件事，学习开始前，先确定学习的目标——记忆大师，然后拆分目标。

首先，学习周期目标。我当时就跟自己说，7 月开始学习到 12 月结束，练不成大师就转行。

其次，终极完成目标。我把记忆大师的标准调出来，按照这些标准明确列出了考核目标。

再次，任务分解目标。我以终为始，把每个阶段的训练结果制定出来，根据这些结果倒推每天训练正确量是多少。比如说，记忆大师的标准里，正确率要求极其高，每行 40 个数字，错一个数字扣 1 半分，错两个 0 分，所以记得正确比记得多更重要。

最后，持之以恒地完成。刚开始我因为总错，能记到凌晨 3 点，随着后来正确率和记忆量的提升，我速度越来越快，比赛前的半个月，我基本上每天只训练不到 2 个小时。

总结来说，因为确定好了目标，所以我只用 2 个小时就达到了别人 10 个小时的结果。这种假象让别人觉得我不够努力，其实有结果从来靠的都不是努力。

讲到这里，你的学习飞轮已经有了第一步的推动，我们继续来推动它。

二、极致输入，确定跟谁学

确定了自己的学习目标以后，"输入"是我们飞轮的第二层。可是我们又来到了另一个问题的面前，想要学习的新课同类的选择那么多，我该如何选择。

这就好比上学，五花八门的学校，我怎么选择？上名校还是普通学校？专科还是大学？答案是：上名校！我们说过一个人的时间就是一个人学习的天花板，时间不可再生也不可购买，何其宝贵。

别小看这个领进门的师傅，他塑造的是你对这门新知识的第一价值观，好的师傅能给你更广阔的天地，水平不够的有可能抹杀你的积极性。

所以不要犹豫，不要浪费你宝贵的时间去做各种尝试，牢牢锁定这个时代里最优秀的老师，最优秀的知识团队，加速你的成长步伐。

在这里我有三个选择送给你。

1. 跟名师学。名师代表的是行业的佼佼者，他们被称为名师大多是有学问，有视野，有研究，能实战的。

2. 跟有结果的人学。著名商业咨询顾问刘润说过：想要考察一家咨询公司或者商学老师说的是不是真的有用，就看他们用不用自己的理论和方法来经营自己。这个套路在我们学习中，一样适用。有结果是不会骗人的。

3. 跟大平台上推选的名师学。一般来说大平台推荐的名师都是被他们考核过的，相当于天然做了一遍筛选。

讲到这里，你的学习飞轮又完成了一步。我们接着来第三步。

三、明白路径，该怎么学

第一个飞轮确定了目标和任务，第二个飞轮选择了正确的选择，还差最后一个飞轮，就是怎么学。

我想在这个环节中，跟大家强调三件事，空杯心态、找到关键词和拿起笔做个画家。

第一件事，空杯心态。我们是来学习，不是来评论的。

一个装满水的杯子，还怎么能倒进去新的水呢？

听到一个新观点，嗤之以鼻，连连摇头。这里我可不是教训您，因为我和您一样。大多数人在工作以后已经不是纯粹的学习者身份，习惯用评论员的心态来看待、指点所有事情。

但这是一笔多不划算的账，投入产出比太低！我们付费、花了时间还搞了不怎么样的学习。所以请你自私一点，在学习之前把自己倒空，我们不是付费当评论员的。

第二件事，找到关键词。

不知道大家有没有遇到过这样的一个问题，一本书学完，对里边的故事感触记忆印象颇深，但它们要证明的关键点却忘了个一干二净。这是我们大脑特性决定的，它本身就喜欢故事剧情，喜欢具体而不喜欢抽象。

一个小技巧，在读书的时候，拿杆笔，快速地圈出文中那些具有代表性、概括性的、核心重点词。

第三件事，当个导演。

举个例子：关怀备至和关怀倍至，哪个是正确的？答案是关怀备至，备是完全的意思。怎么拍个电影呢？备想到刘备。关羽对刘备，关怀备至。

当然方法还有很多，关键是让这知识在脑子里动起来。你就是自己学习的导演。

第三个飞轮讲完，你是不是觉得我们已经构建了学习任务，确定了学习内容，学会了学习方法，用这个办法学完了一门课了，自己的学习飞轮就已经被推动了呢？恭喜你，万里长征走完了二分之一。你一定很纳闷，这课都学完了才进行了学习的二分之一？当然，我们还有一个最重要的步骤。

四、生活中践行

当我们把目标、输入、路径、输出四个飞轮转动起来的时候，学习的增强回路就已经建成。你会发现即使不是记忆大师，你的学习也一样棒棒的。

第五章

训练手册

HAPTER5

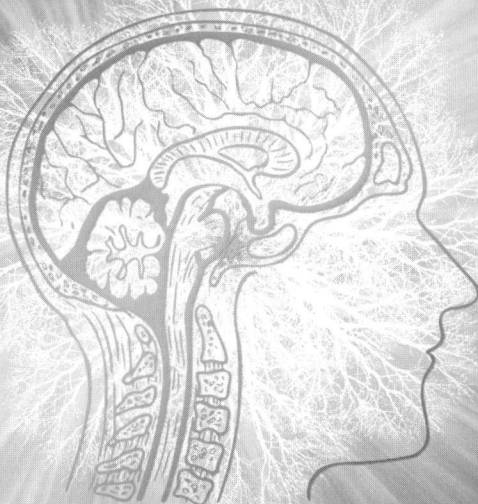

本章选取了多维度的练习，方便大家在日常生活中做训练，接下来就请拿起笔和秒表，开始练习吧！

第一节
注意力、观察力训练

空间涂色

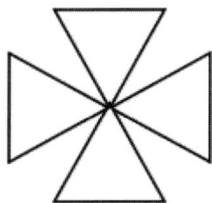

①在图形上方区域涂绿色

在图形下方区域涂黄色

在图形左方区域涂蓝色

②图中共有粉、绿、紫、蓝 4 个颜色

粉色和紫色不互相接触

绿色和紫色在左方区域

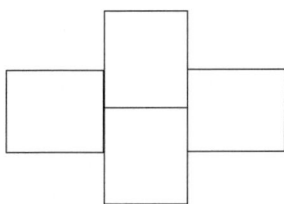

③在图形上方区域涂橘色

在图形下方区域涂粉色

在图形右方区域涂红色

在图形左方区域涂蓝色

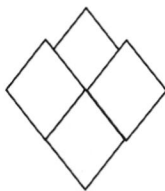

④在图形上方区域涂棕色

在图形下方区域涂灰色

在图形左方区域涂紫色

在图形右方区域涂绿色

日期_____ 时间_____ 错误_____ 评价_____

古诗填数

请按照古诗顺序在圆圈上写数字序号。

夏日绝句

［宋］李清照

生当作人杰，死亦为鬼雄。

至今思项羽，不肯过江东。

维〇

江〇

鬼〇　　　　生〇

亦〇

至〇

羽〇　　　　项〇

死〇

不〇　　　　人〇　　　　为〇

作〇　　　　思〇

过〇　　　杰〇

当〇

今〇

东〇

肯〇

日期＿＿＿＿　　时间＿＿＿＿　　错误＿＿＿＿　　评价＿＿＿＿

请按照古诗顺序在圆圈上写数字序号。

不第后赋菊

［唐］黄巢

待到秋来九月八，我花开后百花杀。

冲天香阵透长安，满城尽带黄金甲。

香〇　　　　黄〇　　　　金〇

秋〇　　　　九〇　　　　百〇

八〇　　　来〇　　　甲〇　　阵〇

带〇　　　　后〇　　　　长〇

尽〇　　透〇　　　　天〇

我〇　　城〇　　花〇　　　　开〇

月〇　　　安〇

冲〇　　　　到〇

花〇

满〇　　待〇　　杀〇

日期_____　　时间_____　　错误_____　　评价_____

数字记忆

计时 20 秒，仔细记忆每一组数字与顺序。

第一组	8514957

第二组	6049185

第三组	1336536

将每组对应的数字写在图标下面。

<table>
<tr><td>第一组</td><td></td></tr>
</table>

<table>
<tr><td>第二组</td><td></td></tr>
</table>

<table>
<tr><td>第三组</td><td></td></tr>
</table>

日期_____   时间_____   错误_____   评价_____

镜像数字

请在图中圈出正确的镜像（9264）

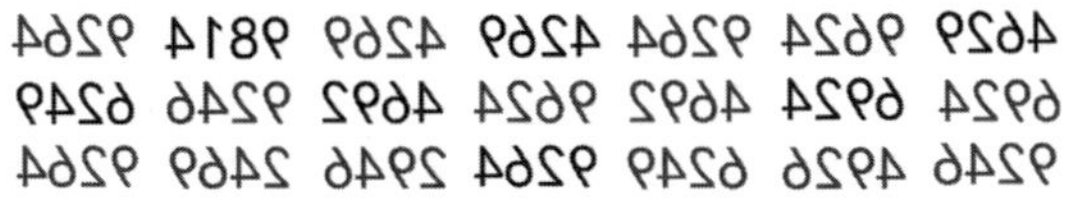

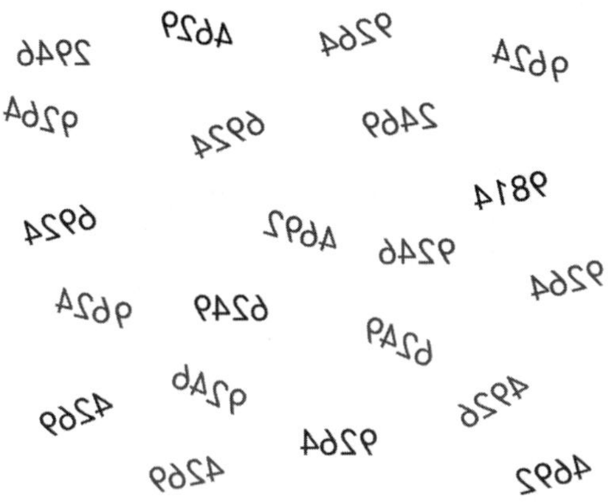

日期_____   时间_____   错误_____   评价_____

请在图中圈出正确的镜像（9685）

8965 8956 9685 8956 6956 0956 9586
6895 9685 8659 6985 0956 9658 5896
9865 5698 9685 6598 9685 6585 9568

图（镜像数字散布图）

日期_____   时间_____   错误_____   评价_____

图像记忆

仔细观察九宫格内所示图案都是什么？并记忆其所在位置。

回想九宫格内空白处所示图案都是什么？并将其描述出来。

第一组

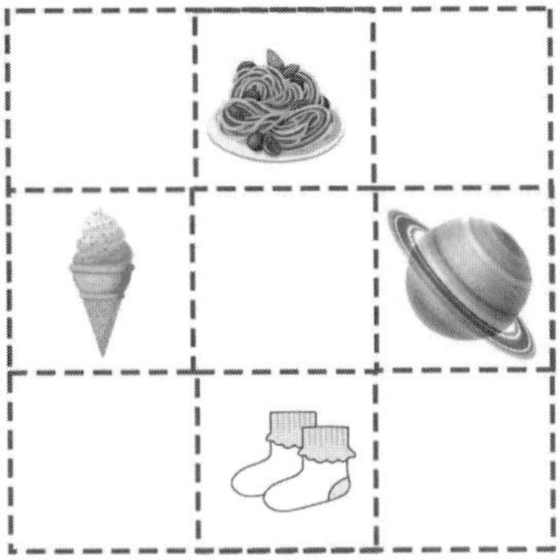

第二组

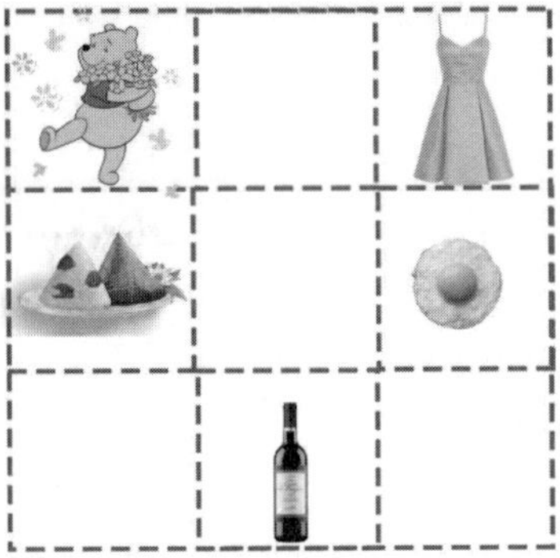

日期________　　时间________　　错误________　　评价________

手脑眼协调

仔细观察左边符号的形状与特点，并在规定时间内将左边内容依次抄到右边空格中，要求又快又准，限时 3 分钟。

					5					10					15						5					10					15
1	·	:	∷	···	∷	∷	·	∵	·	∴	·	:	∷	·	···	1															
2	···	∷	·	:	·	:	···	∵	∷	·	:	·	:	∷	·	2															
3	∵	···	···	·	·	∵	:	·	·	:	·	:	···	∵	·	3															
4	:	∷	∷	∵	∴	∴	·	·	∷	∴	∵	·	∵	·	∷	4															
5	∷	·	:	·	:	∷	·	∴	∷	∵	:	∷	···	:	···	5															
6	∴	···	∴	···	∷	···	∴	∷	·	·	∷	∴	∴	:	∷	6															
7	∵	·	·	:	···	∴	∷	···	∴	:	·	∵	···	∴	·	7															
8	∷	∵	∴	∴	∴	·	∴	·	:	·	·	·	:	·	···	8															
9	:	∴	∷	∵	···	∷	···	∷	···	∵	·	∵	·	:	∴	9															
10	·	:	·	·	:	∴	∷	···	∴	∷	:	∷	·	∵	∷	10															
11	···	·	∵	:	∵	∵	∵	·	∵	···	·	:	:	∴	:	11															
12	·	···	∷	·	∴	·	∷	·	···	·	···	∷	∵	·	∵	12															
13	:	·	·	∴	·	∷	·	∷	·	∴	∴	∴	∴	:	·	13															
14	∷	∵	∴	∵	:	···	:	·	∵	∷	·	·	∷	·	···	14															

日期________　　时间________　　错误________　　评价________

视觉追踪与运笔练习

请从 1 开始按 1~5 的顺序将黑点连接起来，要求尽量画直线。

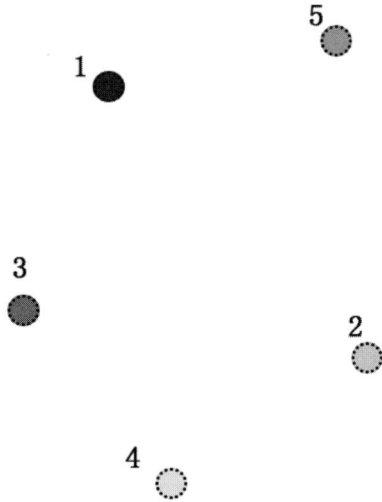

5

1

3

2

4

视觉追踪与运笔练习

请沿着第一类虚线划线，并在后面两列中画出和第一列相同的线。

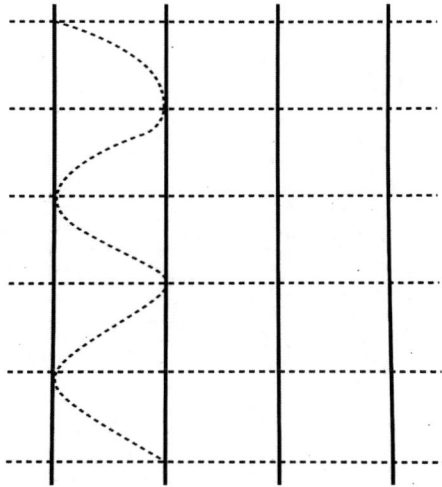

配对练习

将相同的图案（不分颜色）连在一起。

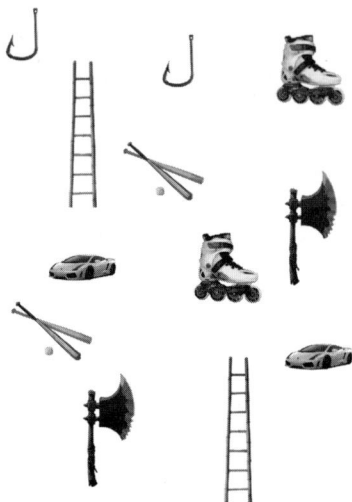

视觉追踪与运笔练习

请沿着虚线划线，完成后在旁边的图形中划线，从箭头开始一笔画到圆圈，要求线条要在黑线中间，并一次性完成。

肖像记忆

仔细记忆每个人相对应的有效信息。

姓名：杨源

身高：177cm

QQ 号：5290886

职业：作家

星座：处女座

喜欢的电影：《城市之光》

姓名：Berhta

国籍：尼日利亚

爱好：跳舞

喜欢的颜色：白色

喜欢的书籍：《水浒传》

喜欢的导演：岩井俊二

将空白处缺失的个人信息填写完整。

姓名：杨源

身高：177cm

QQ 号：＿＿＿＿＿＿＿

职业：＿＿＿＿＿＿＿

星座：＿＿＿＿＿＿＿

喜欢的电影：＿＿＿＿＿＿＿

姓名：Berhta

国籍：尼日利亚

爱好：＿＿＿＿＿＿＿＿＿

喜欢的颜色：＿＿＿＿＿＿

喜欢的书籍：＿＿＿＿＿＿

喜欢的导演：＿＿＿＿＿＿

日期＿＿＿＿＿　　时间＿＿＿＿＿　　错误＿＿＿＿＿　　评价＿＿＿＿＿

第二节
思维力训练

1. 请发挥想象力，尽可能美观地把下面的图形补充完整，并涂色。

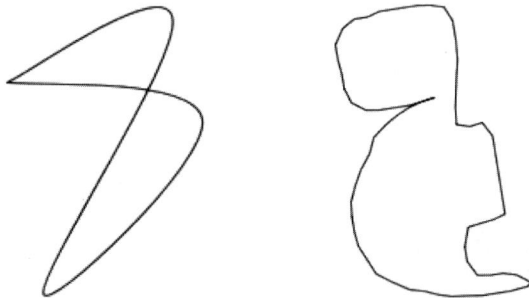

2. 火车接龙（以下面的词语开头，尽可能多地往下连接词语）：

宠　物——狗——＿＿＿＿＿＿＿＿＿＿＿＿＿＿＿＿＿＿＿＿＿＿＿＿

＿＿＿＿＿＿＿＿＿＿＿＿＿＿＿＿＿＿＿＿＿＿＿＿＿＿＿＿＿＿＿＿＿＿

爱　心——＿＿＿＿＿＿＿＿＿＿＿＿＿＿＿＿＿＿＿＿＿＿＿＿＿＿＿＿

＿＿＿＿＿＿＿＿＿＿＿＿＿＿＿＿＿＿＿＿＿＿＿＿＿＿＿＿＿＿＿＿＿＿

幼儿园——_____

_____

熊　猫 ——_____ ——_____ —— _____ —— _____ —— _____ ——

_____ ——_____——玫瑰花

木　马 ——_____ —— _____ —— _____ —— _____ —— _____ ——

_____ ——_____——火　箭

3. 请总结或画出下面素材中的关键词：

我说道："爸爸，你走吧。"他往车外看了看，说："我买几个橘子去。你就在此地，不要走动。"我看那边月台的栅栏外有几个卖东西的等着顾客。走到那边月台，须穿过铁道，须跳下去又爬上去。父亲是一个胖子，走过去自然要费事些。我本来要去的，他不肯，只好让他去。我看见他戴着黑布小帽，穿着黑布大马褂，深青布棉袍，蹒跚地走到铁道边，慢慢探身下去，尚不大难。可是他穿过铁道，要爬上那边月台，就不容易了。他用两手攀着上面，两脚再向上缩；他肥胖的身子向左微倾，显出努力的样子。这时我看见他的背影，我的泪很快地流下来了。我赶紧拭干了泪。怕他看见，也怕别人看见。我再向外看时，他已抱了朱红的橘子往回走了。过铁道时，他先将橘子散放在地上，自己慢慢爬下，再抱起橘子走。到这边时，我赶紧去搀他。他和我走到车上，将橘子一股脑儿放在我的皮大衣上。于是扑扑衣上的泥土，心里很轻松似的。过一会儿说："我走了，到那边来信！"我望着他走出去。他走了几步，回过头看见我，说："进去吧，里边没人。"等他的背影混入来来往往的人里，再找不着了，我便进来坐下，我的眼泪又来了。

近几年来，父亲和我都是东奔西走，家中光景是一日不如一日。他少年出外谋生，独力支持，做了许多大事。哪知老境却如此颓唐！他触目伤怀，自然情不能自已。情郁于中，自然要发之于外；家庭琐屑便往往触他之怒。他待我渐渐不同往日。但最近两年不见，他终于忘却我的不好，只是惦记着我，惦记着我的儿子。我北来后，他写了一信给我，信中说道："我身体平安，唯膀子疼痛厉害，举箸提笔，诸多不便，大约大去之期不远矣。"我读到此处，在晶莹的泪光中，又看见那肥胖的、青布棉袍黑布马褂的背影。唉！我不知何时再能与他相见！

（引自朱自清《背影》）

4. 周末你去超市购物，发现了瓜果区很多瓜果混乱摆放。请你帮超市的导购员将它们分类摆放整齐。

李子、香瓜、柑橘、瓜子、桃子、西瓜、草莓、榛子、杏仁、桑葚、柚子、樱桃、梨、花生、葡萄、橙子、白兰瓜、山楂、梅、苹果、橘子、树莓、板栗

核果类：_____

坚果类：_____

柑橘类：_____

瓜类：_____

仁果类：_____

浆果类：_____

5. 请总结或画出下面素材中的关键词：

生活需要笑声。的确，每一个人都需要放缓脚步，静观周围美好的事物，凝神谛听大自然的天籁，让绷紧的脸庞舒缓，皱紧的眉宇打开，让微笑在脸上绽放，才能融解人们彼此之间的冰霜和风寒。引人发笑或是接受别人开的玩笑，这意味着你掌握了社会密码，它可以帮助你解决争端，使别人接受你的想法，从而更好地融入集体。通过微笑促进人类心理健康，在人与人之间传递愉悦与友善，增进社会和谐。

（引自梁姗姗《笑，不苦口的良药》）

6. 请发挥想象力，尽可能美观地把下面的图形补充完整，并涂色。

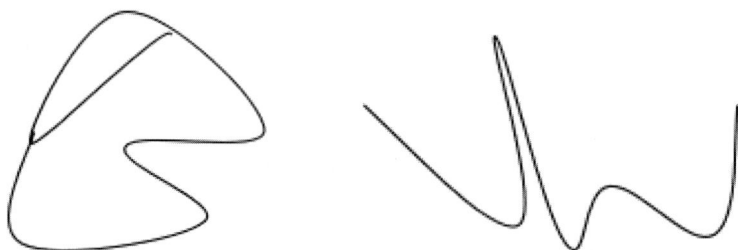

第三节
最强大脑归纳力测试

———

这是一道江苏卫视《最强大脑》初赛的同类型题目，看看大家的归纳力到底怎么样吧！

本测试共20题，限时3分钟，每个题目的题干是3个词语，请你想出一个词，与这3个词都具有一定程度的联系，并将答案写在题目对应的横线上。

例：飞机　蝴蝶　蜻蜓——翅膀

1. 智力　软件　土地——_____

2. 法律　游戏　制订——_____

3. 卡通　肖像　知名——_____

4. 遇难　面临　威胁——_____

5. 平均　延长　年龄——_____

6. 企业　长度　换算——_____

7. 管理　空间　光阴——_____

8. 办公　开发　程序——_____

9. 进度　态度　职业——_____

10. 阅历　习惯　享受——_____

11. 和平　全球　地图——_____

12. 筋骨　促销　娱乐——_____

13. 保护　社会　自然——_____

14. 素质　培养　事业——_____

15. 实践　主义　现象——_____

16. 媒体　发布　记者——_____

17. 保护　生命　意识——_____

18. 愿景　小学　梦想——_____

19. 答案　衡量　规范——_____

20. 管理　店铺　理念——＿＿＿＿＿＿

参考答案：

1：开发

2：规则

3：人物

4：死亡

5：寿命

6：单位

7：时间

8：软件

9：工作

10：生活

11：世界

12：活动

13：环境

14：教育

15：社会

16：新闻

17：安全

18：希望

19：标准

20：经营

数字编码表

00 望远镜

01 小树	02 铃儿	03 三角凳
04 汽车	05 手套	06 手枪
07 锄头	08 溜冰鞋	09 电话

10　棒球	11　梯子	12　椅儿
13　医生（针筒）	14　钥匙	15　鹦鹉
16　石榴	17　仪器	18　腰包

19 衣钩	20 香烟	21 鳄鱼
22 双胞胎	**23 和尚**	**24 闹钟**
25 二胡	**26 河流（水管）**	**27 耳机**

28 恶霸	29 恶囚	30 三轮车
31 鲨鱼	**32 扇儿**	**33 星星（飞镖）**
34 三丝巾	**35 山虎**	**36 山鹿**

37　山鸡	38　妇女(菜铲)	39　三角板
40　司令	41　蜥蜴	42　柿儿
43　死神	44　蛇	45　师傅

46 饲料	47 司机	48 石板
49 湿狗	50 五环	51 工人（剪刀）
52 鼓儿	53 乌纱	54 武士（鞭炮）

55 火车	56 蜗牛	57 武器
58 尾巴	59 蜈蚣	60 榴莲
61 儿童	62 牛儿	63 流沙

64 螺丝	65 尿壶	66 蝌蚪
67 油漆	68 喇叭	69 料酒
70 冰淇淋	71 鸡翼	72 企鹅

73　旗参	74　骑士（哑铃）	75　西服
76　汽油	77　机器人	78　青蛙
79　气球	80　巴黎（铁塔）	81　白蚁

82 靶儿	83 芭蕉扇	84 巴士
85 宝物	86 八路	87 白棋
88 粑粑	89 八爪鱼	90 酒瓶

91 球衣	92 乌龟球儿	93 旧伞
94 旧首饰	95 旧物（订书机）	96 旧炉
97 旧旗	98 球拍	99 澳门（莲花）

附录二

字母编码表

A a 苹果	B b 笔	C c 月亮	D d 笛子	E e 衣服鹅	F f 斧头
G g 鸽子	H h 沙发椅	I i 蜡烛	J j 钩子	K k 机关枪	L l 魔法棒
M m 麦当劳	N n 门	O o 鸡蛋	P p 皮鞋	Q q 企鹅	R r 小草
S s 紫蛇	T t 彩伞	U u 水杯	V v 漏斗	W w 王冠	X x 蓝剪刀
Y y 衣撑	Z z 闪电				

附录三

字母组合编码

A

ab	阿爸
ac	鹌鹑蛋
ad	AD 钙奶
af	爱妃
ag	阿哥
ai	爱
al	阿狸
am	哆啦 A 梦
an	天安门
ance	暗室
ap	阿婆
ar	矮人
ard	卡片
as	爱神
au	遨游
aw	艾薇儿

B

ba	爸爸
be	蜜蜂
bi	金币
bl	玻璃
ble	伯乐
bo	菠萝
br	病人
bt	鼻涕

bu	布
by	表演

C

ca	擦
ce	厕所
ch	吃
cha	茶
chi	尺子
ci	刺
cir	词人
ck	刺客
cl	窗帘
co	可乐
com	聪明
con	悟空
cr	超人
cs	测试
ct	CT 机
cu	醋
cus	粗绳，猝死
cw	刺猬
cy	聪鱼

D

da	打
dant	蛋挞
dc	电池

dd	导弹
de	德国人
df	豆腐
dg	大哥
di	弟弟
dia	嗲
do	洞
dr	敌人
du	毒
duc	赌场
dv	DV 机
dy	电影

E

ea	恩爱
eb	恶霸
ed	耳钉
ee	眼睛
eh	耳环
el	饿狼
ele	大象
em	恶魔
en	摁
ence	恩师
ent	疑难题
ep	二胖
equ	艺曲

er	耳朵	H		ju	菊花
es	耳塞	ha	哈哈	K	
est	饿死他	hb	海报	ke	蝌蚪
et	儿童	hd	蝴蝶	kn	柯南
ex	一休，恶心	he	鹤	ks	考试
ey	鳄鱼	hi	嗨	L	
F		ho	海鸥	la	拉，辣椒
fa	发	hu	湖	ld	领导
fe	飞蛾	hy	花园	le	快乐
ff	狒狒	I		lf	雷锋
fi	飞	ic	IC 卡	li	梨
fl	风铃	id	身份证	lian	莲花
fo	佛	if	衣服	lib	李白
fr	夫人	ii	二	lk	路口
ft	法庭	il	疾病	ll	梯子
fu	福	im	姨妈	lm	流氓
ful	俘虏	in	萤火虫	lp	老婆
fy	风衣	ing	鹰	lt	老头
G		ip	平板	lu	鹿，路
ga	唐老鸭	ir	爱人	ly	老爷
ge	哥哥	is	狮	M	
gg	狗狗	it	程序员	ma	妈妈
gh	光环	iv	四	mb	面包
ght	桂花糖	ive	夏威夷	ment	门童
gl	公路	io	高尔夫（形似）	mi	米
gr	工人	J		mini	迷你裙
gue	故意，孤儿	je	鸡翼	mir	迷人
gy	观音	jo	鸡圈	mm	妹妹

mn	魔女	ous	藕丝	rl	日历
mo	墨水	ow	灯泡（形似）	rm	人民
mp	门票	ox	公牛	rmb	人民币
mt	模特	oy	欧元	ro	肉
mu	木头	**P**		rt	软糖
mul	木楼	pa	怕，手帕	ru	被褥
N		pe	皮衣	ry	人妖
na	拿，拿破仑	ph	屁孩	**S**	
nc	鸟巢	pi	啤酒	sa	洒
nd	脑袋	pl	漂亮	sc	生菜
ne	哪吒	po	婆，破	se	色狼
ni	泥	pr	仆人	sen	森林
no	不	pre	怕热	sh	上海
nt	奶糖	pro	东坡肉	si	寺
nu	奴隶	pt	葡萄	sion	死神
ny	女友	pu	扑	sis	死尸
O		py	皮影	sist	姐姐
ob	欧巴（韩语音译，意为"哥哥"）	**Q**		sk	烧烤
		qi	旗	sl	司令
od	殴打	qu	蛐蛐	sm	沙漠
of	零分	**R**		sn	酸奶
olo	火箭（形似）	ra	热爱	so	馊味
om	殴骂	ran	染	sp	水瓶
on	球门（形似）	rc	肉串	spi	蛇皮
oo	望远镜	rd	肉店	st	石头
op	藕片	re	热	str	石头人
or	偶人	res	热水	su	酥饼
ot	呕吐	ri	日本人	sus	宿舍
ou	藕	rk	肉块	sw	丝袜

T			U			W		
ta	塔		uc	渔船		wa	挖，蛙	
tain	太牛		udy	邮递员		was	瓦斯	
te	特务		ue	友谊		wh	舞会	
th	弹簧		um	伞		wo	我	
ti	踢，梯子		umb	有毛病		X		
tion	神		un	油门		xi	洗，吸	
to	图图		up	巫婆		Y		
tom	汤姆猫		ur	友人		ya	鸭	
tr	树		ut	油条		ye	夜	
tt	天堂		V			ys	钥匙	
tu	兔		va	维生素 A		Z		
ture	土人		ve	维生素 E		za	砸	
tw	跳舞		vi	六		ze	沼泽	
ty	太阳		vo	声音		zy	竹叶	

附录四

常用词根词缀

常用词根

词根	语义	词根	语义	词根	语义
acou	听，闻	capit	头	homo	同
aer	空气，大气	cir	圆，环	hydro	水，氢的
ag，ac	做，动作	cosmo	世界，宇宙	ject	扔
agr	农业	crat	信奉……政治主张者	junct	连接
alt	高	crypt	隐蔽，秘密	lith，lite	岩石
am，amor	亲，亲爱	cur	跑	loqu，loc	说话
ampl	广大，宽阔	cycl	圆，环	magnet	磁力，磁
ann	年	cyt，cyte，cyto	细胞	manu，man	手
anthrop	人	dem	人民	mand，mend	命令
aqu	水	dent	牙齿	mar	海
arch	首领	dict	说	mater	母
astr	星	duct	引导	meter	计量器
atm	大气，蒸汽	dur	持久	micro	小，微
aud	听	dynam	力，动力	mort	死亡
auto	自己，自动	electro	电，电的	morph	形式
bar	气压	equ	相等	sol	太阳
bathy	深	eu	好，幸福	tele	远，电报，电视
biblio	书	fer	搬运，转移	term	末端
bio	生命，生物	flict	打击	theo	神

词根	语义	词根	语义	词根	语义
bre	短	frater	兄弟	thermo	热
cad, cas	落下	gamos	婚姻	type	模型，版
calori	热，热的	gen	起源	vid, visuo	看见
cap, cep	拿	geo	地球，土地	voc	叫唤
center	中心	graph	书写的器具或结果	volv	滚动
chrom	颜色	haem, hem	血液	xeno	异，外国人
chron	时间	heli, helio	太阳	xylo	木
cine, kine	活动	hom, human	人	zoo	动物

常用前缀

（1）表示数量的前缀

词根	语义	词根	语义
hemi-	半	sept-	七
semi-	半	oct（a）-	八
demi-	半	ennea-	九
uni-	一	nona-	九
mono-	一	deca-	十
di-	二	deci-	十
bi-	二	hecto-	百
ambi-, amphi-	二，双	centi-	百，百分之一
du（o）-	二，双	kilo-	千
tri-	三	milli-	千分之一
quadr-	四	multi-	许多
tetra-	四	myria-	万，无数

词根	语义	词根	语义
penta-	五	poly-	许多
quinqu-	五	mega-	百万，兆
hexa-	六	micro-	小，微量，百万分之一
sex-	六		
hepta-	七		

（2）表示否定的前缀

词根	语义
in-, il-, im-, ir-, ig-	不，非，无
non-	非，未
un-	不，无

（3）表示差别关系的前缀

词根	语义
by-	副，次要的
extra-	超越，额外
hyper-	超出，过于
hypo-	次，亚
infra-	低下
out-	超过
over-	过度
pre-	超过
quasi-	类似，准
sub-	次，亚
super-, sur-	超过
ultra-	极端

词根	语义
under-	不足，低劣

（4）表示逆转的前缀

词根	语义
un-	表示相反的动作
de-	去，反，解
dis-	反转，还原

（5）变换词类的前缀

词根	语义
a-	动词变换为谓语性形容词
be-	变换为及物动词

（6）表示方位的前缀

词根	语义	词根	语义
ante-	在前	intro-	在内，进入
by-	附近	out-	外，向外
apo-	远，远离	over-	在……上面
circum-	周围，环绕	post-	在……后面
en-	进入	pre-	在……前面
endo-	在里面的	pro-	向前
epi-	在外面的	retro-	后退
ex-	外部，向外	sub-，sup-，suc-，suf-	在……下面，低，次，亚
fore-	在前面	super-	在上
hypo-	在……之下	supra-	在……之上

词根	语义	词根	语义
in-，im-，ir-，il-	向内，进入，朝	trans-	横过，贯通
infra-	在下，在下部	ultra-	在……那边
inter-	在……中间	up-	向上
intra-	在内，内部		

（7）表示时间顺序的前缀

词根	语义
ante-	先前，早于
ex-	前任，旧
fore-	前面
mid-	中间
neo-	新，新近
post-	在后
pre-	前面
pro-	前面
re-	重新

后记

选择大于努力

我 22 岁进入记忆行业，写这本书的时候，我刚过完 32 岁生日。10 年里，我从一个小白成长为行业里的前辈，拿到了曾经梦寐以求的荣誉"世界记忆大师"，登上过央视一套《挑战不可能》，也在创业最初拿到百万风投。

很多人说我是幸运的，好像这些荣誉和结果对我而言唾手可得。其实每一个人在成长的路上都有着自己的故事。

我小时候并不是一个特别出众的学生，也没发觉自己有什么特殊的天赋。尤其是与记忆相关的东西，我都学不好。记得最清楚的就是小学一二年级经常被老师留下来背古诗。年纪大了点，情况也没什么好转，背东西不行也就罢了，很多长一点的公式也记不住，甚至出现了多次同一天不同科目的老师因为争相把我留下来而掐架的事情。

那时候，我经常幻想得到了哆啦 A 梦的记忆面包，又能吃又能记住知识点。有个老师说我唯一的优点，大抵就是热爱做白日梦，一块小石头，一个墙上的凹痕都能在我的头脑里变成长篇大论的传奇故事，我对此乐此不疲。然而现实是很残酷的，小聪明能让我不至于吊车尾，但记忆力的缺陷和态度的问题又使我泯然众人并且还安然自得。

等我长大了才知道，人生最可怕的其实并不是你变得很差，而是你还不够差。因为你会原谅自己，也就一点一点丧失了变得更好的那一点点可能性。

由于不爱背书，总爱想些乱七八糟的，直到大四考研的时候，我才有点紧张。我当时就想走捷径，看看有没有方法能让自己快速地记住东西，提高一点成绩。于是误打误撞地走上了学习记忆法之路。

当我开始跟老师系统地学习记忆术的时候，才觉得原来我那爱做梦的优点，还是有那么点用处的。我能将资料转换成图像，增加剧情，像看电影一样就把东西记下来了，又好玩又轻松。这让从小深受记东西折磨的我吃了点甜头。

我们经常说有些人记忆力好，想象力一般，或者截然相反。其实，记忆是人脑对外界输入的信息进行编码、存储和提取的过程，而想象是对我们大脑中已有表象进行信息加工从而形成新形象的过程，是一种更高级认知活动。两者都不是什么特别的天赋，对普通人来说，都是可以通过训练而控制的。

我在结束了学习之后，赶紧又学习了思维导图。在学习中我感受到了思维的乐趣，开始觉得学习没有那么难，也许原来我跟别人一样有记忆的天赋，只是我没有好的学习方法罢了。经过了短暂的学习，我开始在我的生活中有意识地尝试使用记忆术和思维导图。考研政治，我就是用思维导图将知识梳理成了7张图，然后就用记忆法帮我记忆，轻松上了考场，心中有书，下笔有神，所以这门课我考了全系第一的好成绩。这也更加坚定了我的信念，我一定要学好这门技术。

后来我毅然辞掉了当时在电视台的工作，到武汉当了一名记忆法培训老师。当我看到跟我一样饱受记忆不好折磨的学生，一直在努力却一直在做重复性的记忆，以至于完全不想再学习，丧失兴趣的时候，我觉得他们跟我当年一样，只是没有好的学习方法，所以我想将这种方法分享给他们。在当老师的时候，我也在不断地提升自己的记忆技能，因为好的基础就像是武功的内功，内功越深厚，招数打出去所造成的冲击也就越大。所以基础是很重要的。很多培训机构、家长只想追求速度和招数，但是没有内功，技能所能带给学生的用途就是短暂的。记忆术就像是武功的内功，需要练习，需要积累，才能延伸到各个领域中去。

授人以鱼不如授人以渔。我发现，这件事不仅让我做得很有兴趣，而且充满了使命感。希望这本书能带你开启记忆学习之旅，让你有所启发，让你不再害怕学习，让你和我一样高效专注，找到学习的乐趣，成为一名终身学习者，也成为一名终身学习的受益者。